KB179529

파리의
역사 마천루

파리의 역사 마천루

기원전부터 15세기까지 파리의 도시건축

ⓒ권현정, 2023

초판 1쇄 펴낸날 2023년 11월 10일
지은이 권현정
펴낸이 이상희
펴낸곳 도서출판 집
디자인 로컬앤드

출판등록 2013년 5월 7일
주소 서울 종로구 사직로8길 15-2 4층
전화 02-6052-7013
팩스 02-6499-3049
이메일 zippub@naver.com

ISBN 979-11-88679-21-8 03540

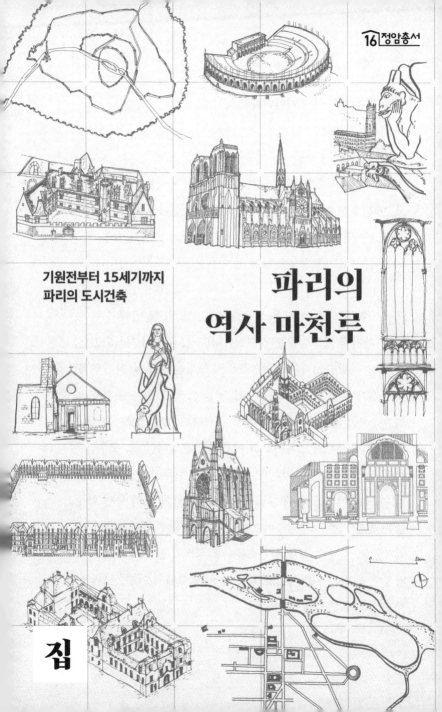

16 정암총서

기원전부터 15세기까지
파리의 도시건축

파리의
역사 마천루

집

"파리는 마천루의 도시입니다."

의아하신가요?

당연합니다.

파리에는 비슷한 지붕을 가진 5층짜리 아파트가 펼쳐져 있고, 마천루는 눈 씻고 찾아봐도 없으니 말입니다. 가끔 삐죽이 솟아있는 몇몇 건물을 제외하고는.

지금부터 그런 생각을 하게 된 이유를 말씀드리겠습니다.

프랑스로 유학 가서 처음 선택한 스튜디오의 첫 번째 수업 주제는 '파리'를 들여다보는 것이었습니다. 첫 수업이 시작되기 전까지 잘 몰랐습니다. 아시아에서 온 학생은 대부분 자신의 뛰어난 설계 재능을 살려 설계 테크닉을 뽐낼 수 있는 수업을 선택하는 편인데 저는 그 학교 최고 실력자인 것처럼 보이는 교수님에 끌려 그분의 스튜디오를 선택했을 뿐입니다. 그 교수님이 최고 실력자라는 건 어떻게 알았냐고요? 스튜디오 설명회하는 날 어느 나이 지긋한 교수님이 들어서자 함께 강의 듣던 학생들은 물론 다른 교수님들에게서 그분에 대한 존경의 눈빛을 읽었거든요. 실제로 교수님의 스튜디오 설명이 끝나고 한참 우레와 같은 박수가 이어지기도 했고요. 이 학교에서 어떤 선생님이 최고인지 알 수 있었습니다.

교수님은 건축철학 연구자로 알려진 분이었습니다. 제 미약한 프랑스어 실력으로 그 수업을 따라가기가 무척 어려웠습니다. 저는 그 상태로 첫 번째 과제를 시작하게 되었습니다.

　대상은 파리! 주제는 학생 각자 알아서 정하기!

　누가 프랑스 사람이 느리다고 했던가요! 너도나도 비교적 쉬워 보이는 주제를 선점하기 위해 재빠르게 움직였습니다. 누구는 공원을 중심으로 파리를 보겠다고 하고, 누구는 센강을 중심으로, 다른 친구는 미술관을 중심으로 보겠다고 하면서, 표면적으로 드러나고, 누가 보아도 흥미로운 주제는 재빨리 사라졌습니다.

　저는 주제를 정하지 못한 채 첫 번째 파리의 역사에 대한 세미나 수업을 마쳤습니다. 저는 역사수업을 몇 번 더 진행하겠다는 이야기를 듣고 과제는 배우면서 하면 되겠다는 생각이 들어 당당하게 '파리의 역사'를 주제로 연구해보겠노라 이야기했습니다. 다행히 아무도 비웃지는 않았지만, 교수님은 걱정스러운 눈빛으로 저를 쳐다보았습니다.

　수업은 무척 힘들었습니다. 매주 읽기에는 벅찬 상당히 많은 양의 교수님 강의자료, 수업을 제대로 이해하기에는 부족한 프랑스어 실력, 역사는 물론 철학, 정치학, 사회학 등 방대한 강의 내용… 역사를 주제로 선택한 저의 무지를 자책했습니다.

　몇 번 수업을 들으니 과연 내가 이 수업의 핵심을 정확히 이해하고 있는지에 대한 의문이 들었습니다. 수업을 시작하고 한 달

정도 지난 후에야 저만의 수업 방법을 찾았습니다. '이해한 것을 스케치로 요약해보기!' 건축가의 언어 도구 중 스케치는 만국 공통입니다. 잘 그리는 그림은 아니지만, 내용을 확인해가며 교수님이 파리의 도시 역사에 대해서 이야기하신 자료를 정리하며, 시기별로 그림을 그렸습니다. 그리고 용감하게 교수님께 그림을 보여드렸고 그림의 몇 군데 틀리기는 했지만 교수님은 제가 자신만의 수업 방식을 찾은 것에 대해서 꽤 만족해하셨습니다.

이 책은 당시 제가 첫 번째 수업을 따라가기 위해 그렸던 '파리 도시의 요약 스케치'에서 시작된 셈입니다.

세미나 수업의 마지막 단계는 도시 모형을 만드는 것이었습니다. 설계를 바탕으로 한 실제 모습 그대로의 모형만을 만들던 저는 도시의 이미지를 표현해야 하는 다른 형식과 다른 형태의 모형을 만들어야 하는 새로운 과제에 앞이 막막했습니다.

모형에서 한 발도 나아가지 못하고 있는 저를 본 교수님은 "모형은 너의 생각을 표현하는 도구야. 보이는 것을 만들려고

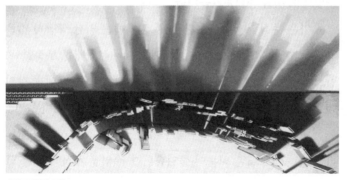

파리 도시분석 모형

하지 말고 너의 머릿속에 있는 것을 표현하려고 해 봐! 너가 너의 방법인 스케치를 하면서 익힌 파리는 어떤 도시일까?"

지금 다시 생각해 보아도 당시 교수님과 우리 스튜디오 교수님들은 제게 매우 친절하셨습니다. 가끔 헤매고 있을 때면 정확하게 제 수준에 맞는 언어로 현명한 질문을 한 번씩 던져 주셨으니. 그 질문들은 스스로 한 단계씩 앞으로 나아갈 수 있는 가장 중요한 포인트였습니다. 그래서 만들어 낸 것이 '파리의 역사를 표현한 마천루'입니다.

파리 가운데에 있는 시테섬은 로마시대 이전의 역사부터 켜켜이 쌓여 있습니다. 파리에 있는 땅의 역사를 높이로 표현하면, 상당히 높은 고층빌딩과 같습니다. 자신만의 마천루를 숨기고 있는 것이지요. 몇 달 되지 않은 짧은 세미나였지만 첫 번째 건축수업은 그렇게 머리와 가슴에 새겨졌습니다.

어느 정도 시간이 지나면서 점점 프랑스 생활에 적응하며 '파리의 생활인'이 되어가고 있었습니다. 매일 보는 풍경, 매일 걷는 거리, 더 이상 파리의 도시 풍경이 설레지도 특별할 것도 없었습니다. 그러다 우연히 로마의 공중목욕탕 유적 근처를 걷다가 파리에서 '첫 번째로 만들어진 길 위에 서 있다'는 사실을 자각했습니다. 그리고 프랑스에서의 첫 번째 건축수업을 회상하며, 도시여행자가 되어 파리의 역사 마천루 한 켜 한 켜를 주말마다 탐험하기 시작했습니다.

한국에 돌아와서는 다시 서울 생활에 젖어 들어 파리를 잊고 지냈습니다. 다시 파리 이야기에 불을 지핀 것은 아이였습니다. 아이는 파리에서 태어났습니다. 너무 어려 파리에서 생활을 기억할 수는 없겠지만 성인이 되면 자기가 태어난 파리를 탐험하겠다고 종종 이야기했습니다. 아이의 이야기는 조금 다른 의미로 다가왔습니다.

나중에 이 아이가 파리에 간다면! 아이에게 이야기해주고 싶은 것을 조금씩 쓰기 시작했습니다. 맛있는 것, 즐거운 것, 신기한 것을 보는 것도 좋지만, 저는 아이가 오랜 역사를 간직한 파리에 남은 역사의 흔적, 지금까지 파리가 보고 담고 간직한 것을 발견할 수 있기를 기대합니다. 아이에게 들려주고 싶은 이야기로 만들던 글과 그림이 있는 스케치북이 이 책의 초안입니다.

높게 쌓인 파리의 역사 마천루 가운데 '파리의 첫 번째 것'을 이야기합니다. 첫 만남, 첫사랑의 설렘을 떠올려 보세요. 파리의 '첫' 번째 역시 어떨지 궁금하고 설레지 않으신가요? 이야기 순서는 시간순입니다만 순서대로 읽을 필요는 없습니다. 흥미로워 보이는 부분만 골라서 읽으셔도 좋습니다.

파리의 첫 번째 공간을 살펴보고, 과거의 건축 기술, 당시의 생활을 살펴보려고 합니다. 건축의 요소를 알고 공간과 그것들의 의미를 이해한다면 도시를 한층 더 깊이있게 이해할 수 있습니다.

오랜 시간 건축을 전공하지 않은 시민을 대상으로 한 시민 강좌, 어린이와 청소년 대상 건축 교육을 했습니다. 이렇게 쌓은 저만의 노하우로 없는 솜씨지만 글과 그림을 꾸렸습니다.

역사 여행을 떠나기 전, '감사 인사 차' 한 잔을 만들도록 하겠습니다.

우선 이 책이 나올 수 있도록 중심을 잡아주고, 제가 이런저런 이야기에 휩쓸리지 않도록 '나다운 책'을 만들라고 조언하고 잡아주신 이상희 대표님께 감사함 한 스푼, 주말과 새벽에 글쓰느라 함께 시간을 보내지 못한 가족들에게 미안함 한 스푼, 그래도 괜찮다면서 묵묵히 미소로 답을 보내준 가족에게 고마운 마음을 담아 또 한 스푼, 20년 전 그르노블 건축학교 유학시절의 기억 속에, 여전히 웃고 있을 브루노 케잔(Bruno Queysanne) 선생님과 카트린 모미(Catherine Maumi) 선생님을 비롯한 여러 선생님, 오딜 그레고아르(Odile Gregoire), 나 카딘(Nad Kadine), 스테파니 디에트르(Stephanie Dietre) 등 함께 공부했던 여러 친구가 내게 베풀었던 너무나도 따뜻한 친절과 우정에 한 스푼. 책이 나오기 전, 먼저 읽고 아낌 없는 조언을 해 주신 조준호, 강인수, 김현화 님께 감사의 마음 한 스푼.

그리고 건축이라는 따뜻한 물을 부어 차 한잔을 만들고, 도시라는 찻잔에 올려 여러분께 드립니다.

오늘의 차 이름은 '파리의 기억'입니다.

차례

샹 드마르스 벌판

파리하면, 반사적으로 에펠탑을 떠올리게 된다. 수백 년의 시간을 간직한 건물들을 제치고 이제 갓 100년을 넘긴 이 기념탑이 전 세계인의 사랑을 받는 파리의 첫 번째 상징이라고 하는데 동의하는 사람이 많을 것이다. 나도 파리에 도착하자마자 먼저 에펠탑을 찾았다. 조금은 엉뚱한 목적을 가지고.

'평화'라는 한글이 적혀 있는 회색 기둥을 배경으로 서 있는 친구의 사진을 보고 호기심이 발동했다. '나도 저기서 사진을 찍고야 말리라.' 시간이 어느 정도 지나서야 그곳이 '평화의 벽(Mur pour la Paix)'이라는 사실을 알았다.

평화의 벽은 파리 군사학교(École Militaire)와 에펠탑 사이에 있는데 군사학교 쪽에서 더 가깝다. 도로 너머 넓은 흙길을 지나가면 야트막한 초록색 펜스가 있고 벽을 따라 잔디가 심어져 있는 모습이 '평화의 벽으로 접근하지 마시오!'라는 무언의 경고 역할을 하는 것 같다.

'평화'라는 한글이 있는 유리벽을 마주하고, 그 뒤에 'ㄱ'자 형상으로 서로 등을 댄 듯한 구조물이 보인다. 가로 16.32m, 세로 53.8m, 높이 9m의 아담한 크기이다. 전면 유리에는 40개 이상의 언어로 '평화'라는 글자가 표기되어 있는데, '평화'라는 한글 두 글자가 가장 먼저 눈에 들어왔다. 조금 더 가까이에서 보고 만져보고 싶어 제단처럼 보이는 얕은 나무계단을 올라 평화의 벽에 다가갔지만 펜스가 가로막는다. '평화를 지키는 것이 매우 어렵다'라는 것을 보여주기라도 하는 듯하다. 평화의 벽 양 옆에는 32개의 회색 원기둥이 도열해 있는데 군부대의 장교를 중심으로 정자세로 각잡고 도열한 병사들처럼 보인다. 나는 평화를 기원하는 순례자처럼 기둥 주변을 돌아다녔다(현재 평화의 벽은 파리군사박물관 안쪽으로 옮겨졌다).

평화의 벽을 보면 서울의 올림픽공원 안에 있는 '세계평화의 문'이 떠오른다. 물론 이 둘을 비교하려는 건 아니고 그저 '평화'라는 글자가 겹치니. 서울 올림픽공원 입구를 지키는 세계평화의 문은 건축가 김중업의 작품이다. 지붕 길이가 무려 62m이고 폭 37m, 높이 24m나 된다. 파리 평화의 벽보다 거의 세 배나 더 크다. 그 큰 몸집이 비, 바람, 태풍, 번개 등 변화하는 날씨에 상관없이, 그 자리에 서 있기 위해서는 구조는 물론 그외 발생할 수 있는 여러 가지 문제를 감수할 수 있어야 하기에 참 어려운 작업이다. 굳이 파리 평화의 벽과 공통점을 찾는다면 양쪽으로 날개를 펼친 듯한 모양새가 비슷하다.

평화의 벽을 뒤로, 에펠탑을 바라보면 속이 탁 트일 것 같은 넓은 잔디마당이 보인다. 잔디마당은 각종 포즈를 취하고 사진 찍는 관광객으로 북적인다. 맑은 날이든 궂은 날이든 이곳은 에펠탑의 포토존이다.

파리 이야기의 첫 주인공은 우아한 곡선을 자랑하는 에펠탑도 아니고, 평화의 벽도 아니다. 사람들이 사진을 찍고 발을 딘고 있는 그곳. 그 땅이다.

전쟁의 땅

이 잔디마당의 이름은 샹 드마르스(Champ de Mars)이다. 프랑스어로 'champ'은 들판이고 'mars'는 전쟁의 신 '마르스'를 의미한다.

　로마가 침략하기 전, 이곳에는 켈트족이라고 불리기도 하고 골족이라고 불리기도 하는 부족이 살고 있었다. 남의 나라 역사를 이야기하면서 민족의 기원까지 파헤치면 참 재미없고 혼란스러워지지만 유럽의 문화를 이해하는데 게르만족과 켈트족의 차이를 아는 것만으로도 많은 도움이 된다.

　켈트족은 켈트어를 사용한다. 당연하다 생각할 수 있지만 너무 많은 침략을 당해 순수한 켈트족을 이제는 찾아보기 어렵다. 켈트어 역시 죽은 언어지만, 영국의 웨일스, 스코틀랜드 일부, 아일랜드에서 발견할 수 있다. 켈트문화는 기독교가 전파되면서 이교도의 사악한 고대문화로 취급되었으며, 20세기까지도 드루이드교로 상징되는 신비주의 문화로 알려졌다. 20세기 후반 켈트문화는 새로 평가되며 친숙하게 다가왔는데 바로 영화 〈반지의 제왕〉 덕분이다. 게르만인은 켈트인보다 키가 크며, 금발에 푸른 눈을 가지고 있다. 우리가 서양인하면 떠올리는 대표적인 이미지가 게르만인의 특징이다. 게르만어는 영어와 독일어에 흔적을 남겨 지금도 명맥을 유지하고 있다.

프랑스에 처음 터를 잡은 민족을 누구는 켈트족이라고 하고, 또 다른 누구는 갈리아족이라고 한다. 켈트족과 갈리아인은 어떻게 다를까? 유럽의 매우 넓은 지역에 걸쳐 켈트문명이 존재하는데 그 가운데 서쪽 끝 프랑스 지역에 이주한 일파가 갈리아인이다. 켈트인이라고 뭉뚱그려 부르곤 하지만 이들 전체가 동질 집단은 아니었다. 예술이나 신앙과 같은 문화기반은 공유하지만, 서로 다른 성향을 가진 집단이 여러 지역으로 이주했다. 켈트족은 현재의 프랑스, 영국, 아일랜드 땅에 광범위하게 거주하고 있었다. 간단하게 정리하면 브리튼족, 갈리아족, 게일족이 각각 잉글랜드, 프랑스, 아일랜드를 이루고 있다고 볼 수 있다.

갈리아인과 로마인은 수세기 전부터 삐걱거리는 관계였다. 기원전 5세기에 갈리아인은 지금 이탈리아 북부의 포강(Po) 유역의 로마인들과 충돌하고 그들을 약탈했다. 당시 로마는 자신들보다 체격이 좋은 갈리아인들과 전투에서 이긴 적이 별로 없어서 외교 관계를 맺어 가능한 한 전쟁을 피하고 있는 상황이었다. 그런데 율리우스 카이사르가 이 상황을 바꾸어 놓았다.

율리우스 카이사르는 어떤 사람이었을까? 로마 건국자의 후손 집안인 명문 귀족가문에서 태어났지만, 태어날 당시 그의 집안은 매우 가난했다. 23살에 변호사로서 일을 시작해 차근차근 경력을 쌓고 37세에 최고의 자리에 올랐지만, 이미 30대 초반에 성공을 한 당대 인사들에 비교하면 뛰어난 경력은 아니었다. 카이사르는 젊은 시절 군에 합류해 소아시아 원정을 떠나 뛰어난 군인으로 자질을 드러냈다. 30대에는 이베리아반도 총독으로 임기를 보내며, 군사기술을 갈고 닦았다. 그는 오랫동안 준비된 군인이자 정치인, 지도자였다. 41세가 되던 해 로마공화정 최고지위인 집정관이 되었다. 카이사르는 자신이 권력에 오를 유일한 길은 새로운 정복사업에 있음을 깨달았다. 당시 갈리아는 갈리아 내부의 수많은 민족이 서로 연합해 갈리아의 패권을 다투던 상황이었다. 이러한 갈리아의 정세를 바라보며, 전쟁의 가능성을 내다본 카이사르는 갈리아 총독직을 열망하고 있었다. 스위스의 원주민인 헬베티족(Helvetii, 켈트-게르만 혼혈부족)이 프랑스로 이주하는 도중 로마의 속주를 침입하면서 갈리아 원정은 시작되었다.

기원전 센강 유역에는 광범위하게 늪지대가 형성되어 있었다. 현재 파리의 마레지구는 '늪'이라는 오래전 지형 특징에서 그 이름을 가져왔다. 로마와 첫 전투에는 '늪'이라는 지형적 아군이 있었다. 질척대는 늪지대에서는 로마군의 무거운 청동 투구와 갑옷이 진창에 빠져 움직이기 힘들었다. 앞으로 나아가려 할수록 진흙을 뒤집어쓰고, 갑옷과 옷에 달라붙어 한 걸음 한 걸음 내디딜 때마다 로마군을 진창에 더 허우적거리게 만들었다. 유럽 평원의 정복자로 불리던 기병대는 말발굽에 달라붙는 진흙 때문에 앞으로 진격하는 것조차 힘들었다. 당연히 켈트족이 질 것이라고 예상한 첫 번째 전투에서 로마군이 패했다. 조직적인 로마군이 야만인이라 생각했던 켈트족에게 진 것이다. 수많은 전쟁을 승리로 이끈 카이사르가 가장 신임하던 부관인 티투스 라비에누스에게 이 켈트족과 치른 전투의 패배는 수치심과 더불어 무자비한 복수를 불러왔다.

기원전 52년, 에펠탑이 서 있던 이 땅에서 또 한 번 전투가 벌어졌다. 샹 드마르스라고 불리기 이전, 그 옛날 기원전 이곳은 켈트족이 멧돼지나 토끼를 사냥하던 드넓은 벌판이었다. 이곳은 카이사르의 군대와 파리 주변에 살고 있던 켈트족 최후의 격전지였다. 늪지대에서 싸워 이긴 뜻밖의 승리는 마지막 전투를 더 비참한 결과로 가져오게 하는 것 같다.

켈트족의 여러 부족인 파리시족, 세노네족, 올레르치족이 함께 연합군을 구성해 로마군과 대치했다. 조직적인 로마군과 신체적으로는 로마인보다 크지만 연합이 되지 않는 갈리아 부족들의 전쟁이었다.

조용한 일상을 누리던 사냥터가 수천 명의 사람이 서로 죽고 죽이는 전쟁터로 변했다. 생존을 위한 전투가 벌어진 것이다. 켈트족은 자신의 모든 것을 불태우고 동족을 지키기 위해 전장으로 나갔다. 목숨을 걸고 싸우는 켈트족 전사들은 위협적이었지만 평원에서의 다년간의 전쟁 경험, 조직력, 책략을 가진 로마군대를 상대로 승리한다는 것은 어려운 일이었다.

게다가 이곳은 첫 번째 전투를 승리로 이끌게 해 준 진흙탕이 아니라 로마군에게 유리한 병원이있다.

켈트족은 로마군의 책략에 속수무책으로 당했다. 전쟁을 이끄는 티투스 라비에누스는 소규모 부대에게 한밤중에 요란한 소리를 내며 강을 건너라고 지시했고, 이 소식을 접한 켈트족 연합군은 적이 도망친다고 여기고 추격했다. 켈트족 연합군의 병력은 분산되었다. 이 틈을 노린 라비에누스는 주력군을 이끌고 켈트족 연합군의 숙영지를 향해 진격했다. 로마군은 좌우에서 동시에 공격했다. 켈트족은 목숨을 걸고 사력을 다해 항전했지만 켈트족의 무거운 칼은 로마군의 가볍고 날카로운 칼에 조금씩 밀려났다.

라비에누스는 기병대를 투입해 켈트족을 살육했다. 그렇게 로마는 이 전쟁에서 승리했다. 로마군은 남부로 돌아가기 위해 갈리아족의 전리품을 찾았지만, 가져갈 전리품이 없었다. 이미 그들은 로마에 정복당하느니 스스로 파괴하는 길을 선택했기 때문이다.

갈리아 전쟁은 기원전 58년부터 기원전 51년까지 진행된 전쟁으로 로마군은 3만 명이 사망하고 교전국 갈리아의 18개 부족은 백만 명이 사망한 전쟁이었다.

기원전 '파리지' 사람들

프랑스인의 가장 오랜 선조는 켈트족이라고들 한다. 물론 그보다 훨씬 전에 크로마뇽인도 있었고, 이베리아족, 리구리아족이라고 불리는 집단도 있었다. 그러나 프랑스의 문화, 사회, 종교에 직접 영향을 주었다고 확인되는 최초의 민족이 켈트족이다. 켈트족의 신앙은 드루이드교라고도 부르는 다신교였고, 이 종교는 영혼의 불변성을 믿고 자연물을 숭배하는 특징이 있는데, 중세까지 온갖 민담과 풍속과 관습으로 남아 있었다.

갈리아로 불린 이 지역에는 대략 90개의 부족이 무리를 이루어 살고 있었는데 그 가운데 파리 일대에 살던 부족을 '파리지(Parisii)'라 불렀다. 이들은 철기문명을 가지고 있었다. 수세기 동안 많은 역사가가 파리 최초의 켈트족 마을은 '시테섬'이라고 주장했다. 실제로 시테섬과 강 남쪽에서 갈로 로마(Gallo-Roman)의 유적이 발굴되었기에, 역사가들은 이곳을 더 파보면 켈트족의 유적이 나올 거라 굳게 믿을 수밖에 없었다. 그러나 아무리 시테섬을 발굴해도 카이사르가 갈리아 전기에서 언급한 "뤼테스는 센강의 어느 섬에 있는 파리지의 요새 도시이다."라고 한 그곳을 찾을 수 없었다.

2003년, 파리의 외곽순환고속도로인 A86 고속도로를 건설하던 중 낭테르라는 파리에서 멀지 않은 지역에서 켈트족의 집단주거 유적지가 발견되었다. 집과 길, 우물, 항구, 도자기, 갑옷, 금화 등. 기원전에 이곳에 터를 잡고 살던 사람들의 모습을 발견한 것이다.

센강의 구불구불한 지도를 보면, 강줄기 사이에 섬이 여기저기 있다. 과거 시테섬도 옛날 지도를 보면, 지금과 달리 여러 개

구불구불한 센강을 따라 작은 섬이 드문드문 있다.
방위 없이 보면 어디가 낭테르이고 어디가 시테인지 구분하기 어렵다.

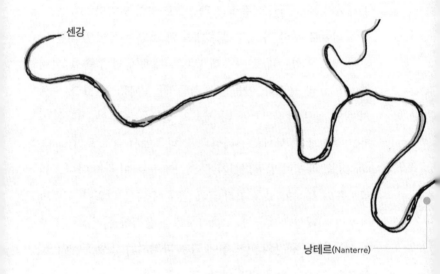

센강

낭테르(Nanterre)

전쟁의 땅, 샹 드마르스(Champ de Mars)

낭테르 유적지는 기원전 150년에서 30년에 형성된 것으로
추측된다고 한다. 주거지, 도로, 경작지, 목초지가 구분되어
있으며, 포도주와 고기를 대량 소비했다. 동전을 발행하고
다양한 공예품 유적이 남아 있어 고대 켈트족의 생활을
어렴풋이 짐작할 수 있다.

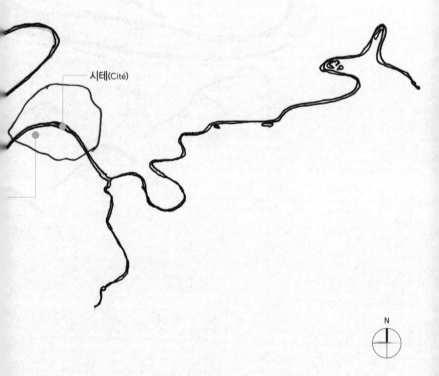

시테(Cité)

N

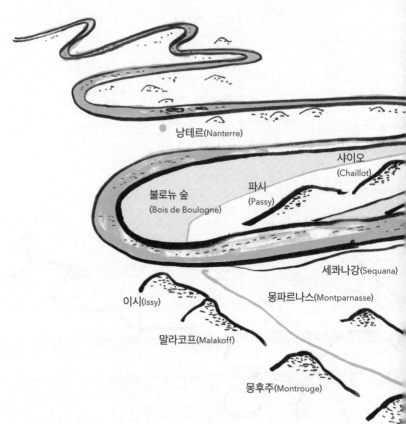

낭테르(Nanterre)

샤이오 (Chaillot)

불로뉴 숲 (Bois de Boulogne)

파시 (Passy)

세콰나강(Sequana)

이시(Issy)

몽파르나스(Montparnasse)

말라코프(Malakoff)

몽후주(Montrouge)

정티이(Gentilly)

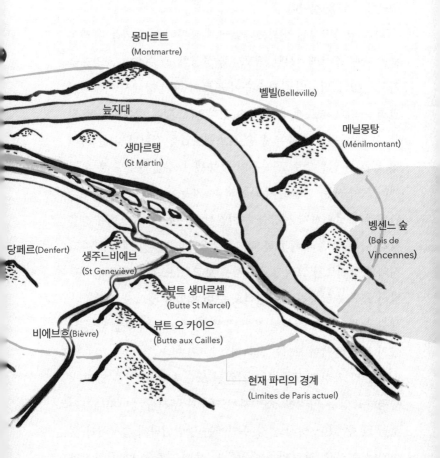

몽마르트
(Montmartre)

벨빌(Belleville)

늪지대

메닐몽탕
(Ménilmontant)

생마르탱
(St Martin)

당페르(Denfert)

생주느비에브
(St Geneviève)

벵센느 숲
(Bois de
Vincennes)

뷰트 생마르셀
(Butte St Marcel)

비에브흐(Bièvre)

뷰트 오 카이으
(Butte aux Cailles)

현재 파리의 경계
(Limites de Paris actuel)

샹 드마르스 벌판

의 작은 섬으로 나누어져 있었다. 지도의 방위를 살짝 틀면 낭테르와 시테섬은 그 모양새가 상당히 비슷하다. 지리에 엄청 밝지 않았다면 아마 당시 사람들에게는 낭테르섬이나 시테섬이나 비슷해 보였을 것이다.

파리 역사박물관인 카르나발레 박물관에 있는 카누 유적은 낡은 나무 조각배이지만, 속도감을 상상해 볼 수 있는 모양새를 가지고 있다. 당시의 물자수송이 도로가 아닌 강에서 이루어진 만큼 가볍고 빠르게 움직일 수 있다면, 그것은 잉여자산을 쌓을 수 있는 최첨단 물류 운송 시스템이었을 것이다. 배는 가벼웠고, 적은 인원으로도 이동이 가능했다. 강을 중심으로 부족끼리 모여 사는 분산된 문화에서 이 카누는 매우 편한 교통수단이었다. 날렵하게 센강을 누비면서 물자를 실어 나르며 강을 따라 다른 부족과 활발하게 교류했을 것이다. 긴 센강을 따라 시테와 낭테르가 그려진 스케치를 보고 있으면, 강을 중심으로 당시 골족의 활동반경은 점적으로 더 넓었을 것으로 짐작된다. 센강을 중심으로 점처럼 흩어져 살며, 카누로 이동을 하던 모습이 지도 속에서 보이는 듯하다.

지금의 파리 지도에서는 기원전 모습을 생각할 수 없지만, 평평하고 넓은 파리를 보면 지형 자체가 분지형 평야지대라는 것을 알 수 있다. 당시 센강 주변에는 광범위하게 습지대가 형성되어 있었고, 파리의 원주민들은 강변 자락을 따라 도시를 꾸렸다. 시테섬도 그 중 하나였다. 비옥한 토지는 문명이 번창

할 수 있는 기본조건인 잉여생산물이 쌓일 수 있는 도시의 어머니였다. 기원전 파리지 사람들은 자체적으로 금화폐 주조소를 가지고 있을 만큼 부유하고 조직화되어 있었다. 그렇게 그들은 자신의 문화를 가지고, 강을 중심으로 점처럼 여기저기 흩어져서 살았다. 그들의 부유함은 강이 가져다 준 선물이다.

기원전 파리를 그려본다. 세콰나강(현재는 센강)이 잔잔히 흐르고 사방이 산과 강으로 막혀있었다. 강을 따라서는 길게 늪지대가 형성되어 있다. 몽마르트 언덕 뒤로 지금의 파리의 경계를 그려본다. 지금은 건물에 둘러싸여 언덕이라고 느끼지 못한, 몽파르나스, 생주느비에브 같은 작은 언덕이 중간중간에 솟아올라있다.

샹 드마르스 공원 산책

다시 샹 드마르스 공원 이야기로 돌아가보자.

평화의 벽을 등지고 에펠탑을 바라본다. 양옆으로 반듯하게 머리를 자른 나무가 일렬로 도열해 있다. 바로 아래는 포장된 산책로가 아닌 흙길이 있다. 사람이 별로 없는 흙길을 자박자박 발자국 소리를 들으며 걷는다. 모래가 살짝 섞인 밝은 베이지색의 흙을 밟는 소리에 집중하며 에펠탑을 향해 걸어가 본다.

왼쪽의 키 큰 군인 같은 플라타너스가 있는 풍경과 반대로,

오른쪽에는 정성스럽게 삼각뿔 모양으로 자른 나무들이 규칙적으로 자리 잡고 있다. 프랑스 도심에서 모양을 맞추어 자른 나무들을 처음 마주했을 때는 어색했지만, 이내 프랑스만의 도시풍경 중 하나로 각인되었다.

그렇다고 지루하게 계속 직사각형의 플라타너스만 있는 것은 아니다. 사이사이 작은 나무도 있는데 키 큰 플라타너스는 작은 나무가 숨을 쉴 수 있게 드문드문 심어져있다. 주변을 보면 조깅하는 사람, 유모차를 끌고 나온 사람, 산책하는 사람, 나무 사이의 의자에 앉아서 휴식을 취하는 사람 등 다양한 사람이 눈에 보인다.

이곳은 어슬렁거리기 매우 좋은 장소 중 하나이다. 산책로의 폭이 넓어, 사람들과 부딪힐 일이 거의 없고, 곳곳에 숨은 멋진 장소들이 있다. 산책로를 걷다 교차로를 만나기 전 어디선가 아이들의 웃음소리와 반복적인 기계 소리가 들린다. 세월이 스며든 회전목마가 돌아가고, 가는 철재 의자가 놓인 놀이공간과 카페가 보인다. 이 작은 길거리 카페에서 커피 한 잔을 마시곤 했는데, 파리의 어느 곳에나 있는 노천카페가 지겨울 때면 숲에 있는 듯해 이곳에 오곤 했다.

샹 드마르스 공원의 평면도를 보았을 때에는 크고, 긴 지루한 공원일 것이라 생각했다. 현장을 방문하기 전 도면에서 알 수 있는 것도 많지만, 선입견을 가지게 되는 경우가 있다. 이 공원은 평면에서 보이는 직선 길보다 그 옆에 난 구불구불한 길이

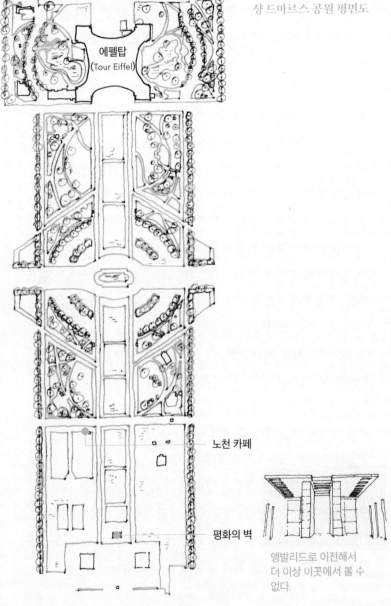

에펠탑
(Tour Eiffel)

노천 카페

평화의 벽

앵발리드로 이전해서
더 이상 이곳에서 볼 수
없다.

샹 드마르스 벌판

29

함께 있어 매력적인 곳이다. 각진 플라타너스 나무 너머 사이사이에 멋진 꽃이 흐드러지게 피어 있는 정원은 직선 산책로 뒤에 숨어 있다.

사람이 많이 다니는 직선의 넓은 산책길이 아니라 곡선으로 끝이 나무에 가려 보이지 않는 정원 속에는 보라색, 흰색, 핑크색 등 각양각색의 꽃나무와 다양한 수목으로 조성된 산책로들이 있다. 가운데 너른 잔디마당에는 사람이 많지만, 안쪽의 산책로까지 사람이 들어오는 경우가 거의 없다. 간간이 놀이터로 향하는 아이와 부모님을 마주치기도 한다. 여유롭고 한가롭게 이곳을 걷다보면, 이곳이 파리 관광 1번지 에펠탑 바로 옆이라는 생각이 전혀 들지 않는다. 다만 나무 틈 사이로 보이는 줄지은 대형 관광버스와 어느 곳에 있어도 보이는 에펠탑이 내가 어디 있는지를 알려줄 뿐이다.

반듯반듯하게 직사각형으로 다듬은 플라타너스 사이도 좋은 산책로이다. 규칙적이고 반복적으로 배치한 수십 그루의 나무는 나무줄기 덕분에 깊이감을 가진 회랑을 걷는 느낌이 든다. 물론 회랑의 가운데가 좀 비어 터널 같은 느낌을 주지는 않으나 햇볕과 그늘을 모두 느끼며 걸을 수 있다.

나무로 만들어진 회랑의 장점은 계절에 따라 지붕 모양이 바뀐다는 것이다. 봄에는 연두색 잎사귀 사이로 햇빛이 비치는 지붕을 갖는가 하면, 한여름 짙은 녹색으로 비를 피할 수 있을 정도로 빽빽이 가지를 뻗어 안락한 공간을 만들어 주기도 한다. 가을에는 그 어떤 지붕보다도 화려한 색으로 마음을 들뜨게 한다. 겨울의 지붕도 그렇게 쓸쓸하지만은 않다. 하늘로 솟은 잔가지들이 하늘을 조각조각 낸 광경을 보고 있노라면, 자연이 만든 이 회랑에 찬사를 보내게 된다.

멀리 잔디마당에서 가족이나 친구들과 휴식을 취하는 사람도 보인다. 피크닉의 즐거움도 보이지만 사람들의 공간 점유 방식에 눈길이 간다. 누군가는 명확하게 네 귀퉁이가 있는 모서리를 가진 바닥 깔개로 자신들의 영역을 표시하고, 누군가는 자신의 자전거나 가지고 온 가방으로 소극적으로 영역을 만든다. 잠시 음료수 한 잔을 마시며, 포즈를 취하고 사진만 찍고 재빨리 점유한 영역을 버리고 사라지는 사람도 있다. 그렇게 여러 사람이 그 너른 땅에서 자신만의 추억을 만들고 있다.

나도 한 자리 차지하고 앉아 석양이 지는 샹 드마르스 잔디마당에서 기원전 사냥터에서 활을 쏘는 어느 켈트족의 어린 사냥꾼을 상상해본다. 가족을 위해 사냥하던 아버지와 실수가 많지만, 조금씩 배워가던 어린 사냥꾼이 종족의 생존을 걸었던 전투가 있던 그 날, 두려움을 무릅쓰고 가족을 위해, 사랑하는 이를 위해 무거운 무기를 들고 벌판으로 나왔을 것이다. 켈트족은 용맹한 민족이지만, 이제 갓 전사가 된 어린 전사는 용맹함보다 두려움이 앞섰을 것이다. 로마의 노예로 살기보다는 마지막을 당당하게 켈트족의 전사로 죽기를 바랐던 용기! 죽기를 각오한 용기를 내기는 쉽지 않았을 것이다. 사랑하는 이와 하늘의 시간이 허락하는 순간까지 행복하게 살고 싶은 것이 사람의 본능인데, 스스로 목숨을 버릴 수 있는 용기를 내기에는, 마지막까지 이겨서 가족과 다시 행복하게 살 것이라는 희망을 쥐어짜야 했을 것이다.

파리는 그렇게 샹 드마르스 벌판에 작은 점처럼, 사라진 존재들이 있는 그곳에서 시작되었다.

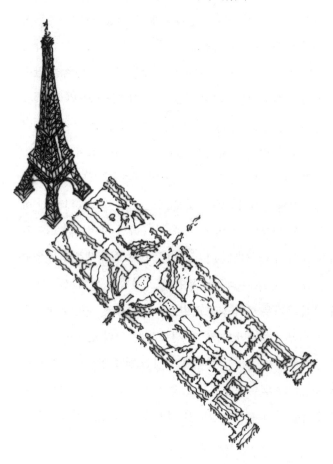

로마식 목욕탕

파리의 12월

책상 위 달력이 마지막 한 장만 남는 12월이 되면 마음이 뒤숭숭해진다. 내게 12월은 나를 되돌아보며 한 해를 정리하는 달이다. 이런 습관은 어른이 되면서 생기기 시작했다. 어렸을 때에는 그저 '설렘' 가득한 달이었다. 마법의 등대처럼 반짝거리는 크리스마스 트리, 크리스마스 선물, 친구들과 주고받는 크리스마스 카드…. 누가 더 멋지게 반짝이를 뿌리는지 자랑하느라 온 가방에 반짝이가 묻어도 카드 만들기는 포기할 수 없는 즐거움이었다. 크리스마스가 지나면, 겨울방학이라는 또 다른 '설렘'이 있다. 방학이 시작되는 그날은 아침 일찍 학교를 등교하지 않는다는 것만으로 행복했고, 눈이라도 내리는 날에는 동네 강아지보다도 빠르게 밖에 나가 장갑과 부츠가 다 젖도록 이리저리 눈을 헤집고 다녔다. 몸이 꽁꽁 얼 정도로 놀고 따뜻한 방안으로 들어가 아랫목에 등을 대고 눕는 순간, 몸은 노곤해지며 바닥으로 녹아내린다. 하늘은 파랗게 쨍하지만 바람이 너무나 차가워 코끝이 시큰해지는 날이면, 따뜻한 방에서 시원한 귤과 군고구마, 붕어빵 등 겨울에 제 맛이 나는 간식을 끼고 앉아, 보고 싶던 책을 읽으며, '완벽한 뒹굴뒹굴'의 행복을 만끽하곤 했다.

프랑스로 유학 가서 파리에서 첫 번째 겨울을 맞는 순간부터 12월은 '우울한' 달이 되었다. 물론 거리의 크리스마스 장식에 기분이 좋을 때도 있지만, 저녁 7시 이후에는 대부분의 가게가 문을 닫고, 거리에 오가는 사람도 많지 않다. 어둠이 깔리면, 낮과 달리 밤에는 예측할 수 없는 일이 발생하기도 한다. 크리스마스 방학이 있지만, 1월에는 바로 수업을 시작해야 했다. 그래도 긴 여름방학이 있으니 위로가 되지만, 가장 큰 문제는 날씨였다.

파리의 12월은 비의 달이라고 해도 과언이 아닐 정도로 비가 많이 내린다. 우산을 쓰기에는 빗줄기가 약하고, 우산을 쓰지 않고 비를 맞고 나면 몸이 으슬으슬하다. 영하로 떨어지는 아주 추운 날씨는 아니지만, 찬바람이 뼈마디에 파고든다. 우중충하고 낮게 깔린 구름과 걸핏하면 추적거리는 비, 몸속으로 파고드는 센강의 찬바람을 호되게 맞고 나면, 따뜻한 카페에 있어도 별 다른 이유 없이 우울함이 온몸을 감싼다. '멜랑콜리(Melancholy)하다'가 당시 우울한 기분을 대변해 줄 수 있는 가장 적절한 단어이다.

파리 집의 난방 역시 우울함을 더해준다. 바닥 난방에 익숙한 내게 라디에이터로 실내 공기를 데우는 구조는 꽤 오래 적응되지 않았다. 임기응변으로 뜨거운 욕조에 몸을 담그지만, 물이 욕조 밖으로 넘치지 않도록 조심, 또 조심해야 한다. 한국처럼 배수구가 바닥에 있지 않고, 세면대와 욕조에만 있기 때문에 만일 물이라도 넘친다면 지치고 피곤에 찌든 몸으로 바로 바닥의 물기를 모두 제거해야 한다. 그래서 해가 반짝 뜨는 날에는 무조건 잠시라도 밖에 나가 소중한 햇볕을 쬐어야 한다. 몸뿐만 아니라 마음 건강에 큰 도움이 된다.

카페에서 따뜻한 차를 마시며 스산한 겨울 풍경을 보며 몸을 노곤하게 데워주는 한국의 찜질방에서 시원한 식혜를 마시는 상상을 하곤 했다. 그 옛날 2세기 갈로 로만시대 파리 시내 한가운데에 우리의 찜질방과 매우 비슷한 '로마식 공중목욕탕'이 있었다.

'젊은이의 거리'라는 생미셸 거리와 멋진 사람만 간다는 생제르맹 거리 교차로는 교통량이 많고 번화한 곳이다. 교차로에 이 동네의 분위기에 어울리지 않게 다 허물어져가는 폐허가 있다. 회색 벽돌과 붉은 벽돌이 층층이 교대로 시루떡처럼 쌓여있다. 부서졌지만 군데군데 아치의 흔적도 보인다.

이 폐허는 로마식 공중목욕탕으로 공식명칭은 '클뤼니 공중목욕탕(Thermes de Cluny)'이다. 이 건물과 더불어 옆의 건물을 13세기 클뤼니 교단에서 구입하고 클뤼니 수도원장의 저택으로 사용했기에 일대를 '클뤼니'라고 부른다.

지금은 사라졌지만 갈로 로만시대의 공중목욕탕에 들어가보자. 그 옛날 파리에 살던 사람들에게 로마의 목욕탕은 어떤 곳이었을까?

로마시민은 하루를 일과 여가로 양분하는 생활방식을 가졌다고 한다. 목욕탕은 여가를 즐기면서 위생도 유지하는 두 마리 토끼를 잡을 수 있는 공간이었다. 오후가 되면, 하루 일을 마친 사람이 줄줄이 목욕탕을 찾았다. 여가라는 새로운 시간이 시작되는 곳. 동시에 전염병이 돌지 않도록 하는 기초적인 위생 향상에 도움을 주는 곳이기도 하다. 공중목욕탕은 여자와 노인뿐만 아니라 아이들도 이용할 수 있었다. 공공이지만 입장을 위해서는 약간의 요금을 지불해야 했고 아이들은 무료였다.

약간의 요금을 내고 들어가 아포디테리움(apodyterium)이라 불리는 공용 공간에서 욕실 전용 옷으로 갈아입는다. 튜닉이나 토가를 벗고, 귀중품은 선반에 두었는데, 손님의 물건을 훔치는 소매치기가 있기에 관리자에게 팁을 주거나 노예를 데려와 귀중품을 지키도록 했다.

아포디테리움은 라트리나(latrina)라는 공중화장실과 팔라이스트라(palaestra)라는 열주로 둘러싸인 체육관과 연결된다. 사람들은 바로 탕에 들어가지 않고 목욕 전 운동을 해서 땀을 내기도 했다. 각자 적성에 맞게 권투, 투창, 높이뛰기 연습을 한다. 팔라이스트라는 그리스의 체육시설인데, 로마가 이를 목욕탕 시설에 추가했다. 로마도 그리스를 본받아 건장한 육체를 선호하였기에 '식스팩'을 자랑하는 '몸짱'이 꽤 있었을 것이다. 더구나 목욕탕이라는 곳이 나체로 있어야 하는 시간이 길기에 몸매에 더욱 집착했을 것 같다.

운동으로 몸을 덥힌 후, 사람들은 온탕이라 불리는 테피다리움(tepidarium)에 들어가 몸의 온도를 서서히 높인다. 물의 온도는 살짝 따뜻할 정도이고, 그 옆에는 난로를 두었다. 더운물

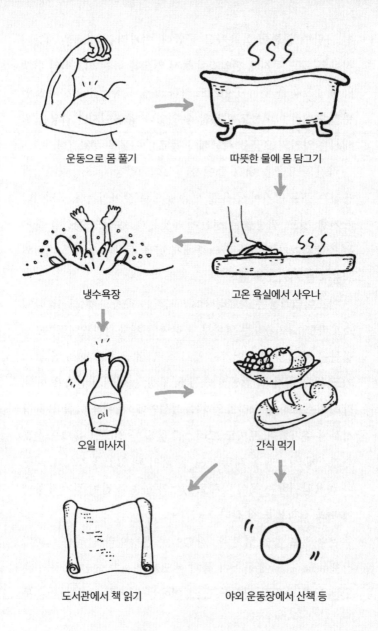

운동으로 몸 풀기

따뜻한 물에 몸 담그기

냉수욕장

고온 욕실에서 사우나

오일 마사지

간식 먹기

도서관에서 책 읽기

야외 운동장에서 산책 등

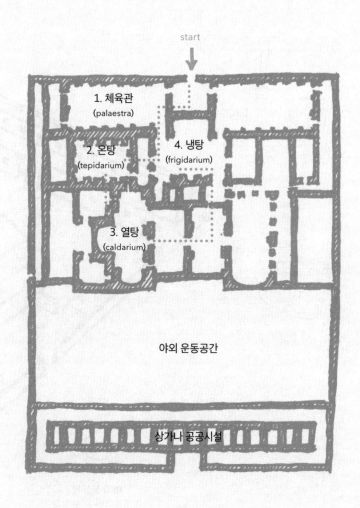

start

1. 체육관
(palaestra)

2. 온탕
(tepidarium)

4. 냉탕
(frigidarium)

3. 열탕
(caldarium)

야외 운동공간

상가나 공공시설

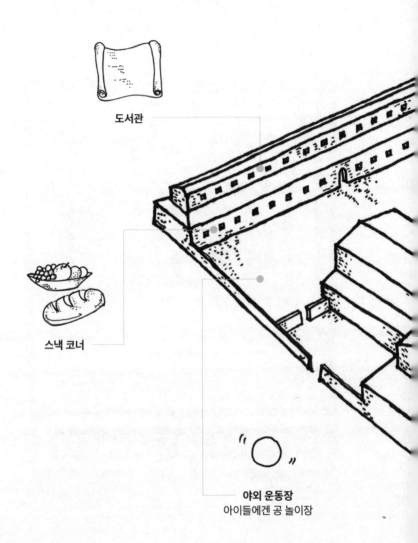

도서관

스낵 코너

야외 운동장
아이들에겐 공 놀이장

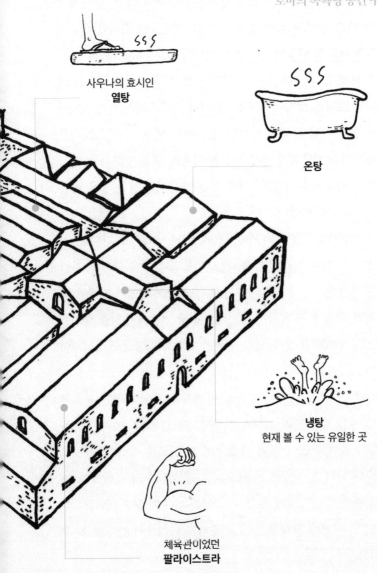

사우나의 효시인
열탕

온탕

냉탕
현재 볼 수 있는 유일한 곳

체육관이었던
팔라이스트라

을 듬뿍 담은 큰 욕조는 몸을 덥히는 데만 사용하고, 모자이크를 깐 욕조 밖에서 몸을 씻었다. 적당히 따뜻한 곳이었기에 친구들과 대화를 나누거나 술을 마시면서 긴 시간을 보냈다.

흔히 몸을 지진다고 하는 열탕인 칼다리움(caldarium)은 사우나의 효시라 생각하면 된다. 당시에는 목욕비누가 없었기에 향이 강한 오일을 몸에 바르고 청동이나 뼈로 만든 '스트리길(strigil)'이라는 낫처럼 생긴 도구를 이용해 때를 벗겼다. 로마식 '이태리 타올'이다. 요즘 우리가 쓰는 양동이와 같은 물을 담는 용도의 그릇도 있었다.

자! 열탕에서 몸이 후끈해졌으면, 이제 냉탕으로 간다. 프리지다리움(frigidarium)이라 불리는 찬 욕조에 몸을 담그고 사람들은 시원하게 열을 식힌다. 이곳은 수영장도 겸했기 때문에 앞의 목욕 과정을 꼭 거치지 않더라도 그냥 여기서 수영을 즐기는 사람도 있었을 것 같다. 냉탕 주변은 대리석 입상들로 장식되어 있었다.

이게 끝일까? 매끈한 피부를 위해서는 보습 과정이 필요하다. 몸에 오일을 발라 피부가 건조해지는 걸 막고, 머리와 몸을 마사지 받기도 했다. 몸과 함께 하루의 피로를 깨끗이 씻는 목욕이 다 끝나면, 사람들은 서로의 취향에 맞추어 어울렸다. 마당과 관중석을 중심에 두고, 주변에는 나무와 분수, 조각 장식이 있고, 사면에 담장을 둘러 조용하고 한가로이 산책을 할 수 있었다.

긴 목욕에 허기를 느낀다면 간식을 파는 상인에게서 간단하게 음식을 사 먹을 수 있었다. 도서관이 있어서 라틴어와 그리스어로 된 책을 빌려 볼 수도 있다. 도서관이라고 해서 지금의 도서관의 모습을 상상하면 안 된다. 당시 책은 두루마리 형태로 도서관의 온 벽에는 원형 두루마리 책이 빽빽하게 꽂혀 있었다. 지금의 도서관과는 다른 모습이다. 목욕탕에서는 철학 강연과 토론이 줄을 이었고, 연극과 음악회 같은 행사도 열렸다. 목욕탕을 많게는 하루에 500명이 이용했다고 한다.

갈로 로만시대 파리의 공중목욕탕은 사람을 만나 이야기를 나누고, 운동과 도박을 하기도 하는 중요한 사교공간이었다. 사람들은 사업을 확장하거나 새로운 사람을 만나기 위해 혹은 사회적으로 회자되는 사안에 관해 토론하기 위해 이곳을 찾았다. 사람이 모이니 당연히 누가 언제 어디서 누구랑 어떤 음식을 먹었는지 따위의 가십도 이곳에서 흘러나왔다.

아이들도 목욕탕을 자주 이용했는데, 아이들은 목욕이 아니라 무료로 입장하는 공중목욕탕의 넓은 체육관과 정원에서 다른 아이들과 공놀이를 즐길 수 있어서였다.

로마식 목욕탕 이야기를 하니 생각나는 곳이 있다. 바로 우리네 찜질방. 과거 갈로 로만시대의 목욕탕 풍경과 묘하게 겹친다.

번화한 생미셀 거리를 따라 걷다보면, 폐허가 보인다. 폐허 옆으로 금속 패널로 만든 두 개의 박공지붕을 붙여놓은 모양의 건물이 보인다. 2018년 이전에 이곳을 방문했던 사람에겐 낯선 모습일 것이다. 박물관 입구를 새롭게 만들었기 때문이다.

집의 얼굴은 대문이라는 말이 있다. 대문은 어떤 집이나 건물에 들어갈 때 가장 먼저 통과해야 하는 곳으로 실내로 들어가는 현관과는 다른 역할을 한다. 조선시대 기와집의 솟을대문을 떠올려보자. 가문의 위세를 드러내기 위해 대문의 기둥을 높여 주변 건물보다 우뚝 솟아있게 만들었다. 초가집에는 사립문이라고 해서 나뭇가지로 엉성하게 엮어 문을 달았다. 높은 솟을대문이든, 엉성한 사립문이든 문은 공간에 위계를 주는 역할을 했다. 문 자체는 경계면의 표시로, 문 안은 사적인 공간이라 주인의 허락이 없는 한, 그 안으로 발을 들이기가 어렵다. 사찰 역시 입구에 일주문, 사천왕문과 같은 다양한 형식의 대문을 두어 종교의 영역성을 상징적으로 표현했다.

얼마 전까지만 해도 목욕탕 유적은 담장으로 둘러싸여 있어 접근이 불가능했다. 그저 멀리서 바라만 볼 수밖에 없었다. 보존 명목이라고는 하지만 흡사 철창에 가둔 느낌이 들기도 했고, 파리의 한가운데에서 번잡한 도시의 분위기와 맞물려, 꼭 시대를 따라가지 못하고 소외된 고리타분한 노인의 느낌을 받기도 했다.

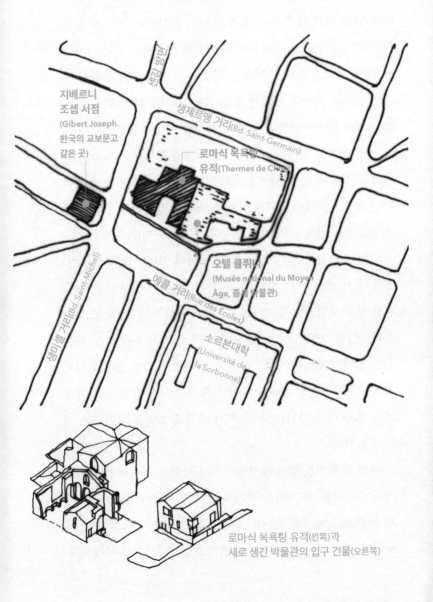

지베르니
조셉 서점
(Gibert Joseph.
한국의 교보문고
같은 곳)

생제르맹 거리(Bd. Saint-Germain)

로마식 목욕탕
유적(Thermes de Cluny)

오텔 클뤼니
(Musée national du Moyen
Âge, 중세 박물관)

에콜 거리(Rue des Écoles)

생미셸 거리(Bd. Saint-Michel)

소르본대학
(Université de
la Sorbonne)

로마식 목욕팅 유적(왼쪽)과
새로 생긴 박물관의 입구 건물(오른쪽)

로마식 목욕탕

그러나 지금은 2세기 초에 지어진 건물과 21세기의 건물이 2000년의 시간 차를 두고 함께 나란히 배치되어 있다. 박물관을 새로 만들면서 목욕탕 유적을 고려해 배치하고 입면 디자인을 했다. 새로 만들어진 박물관 입구는 유적에 피해가 가지 않도록 모양과 색상을 배려한 모습이다. 2세기의 벽돌 건물에 맞춰 나란히 금속패널을 사용하여, 색상은 비슷하지만 시대에 따라 다른 재료를 병치하는 방법으로 현재를 드러내는 요소로 사용했을 것이라 생각된다. 금속 패널이 빛을 반사시켜, 유적이 더 돋보이는 것처럼 보이기도 한다. 과거의 건물을 존중해서 새로 지었음을 바로 느끼게 해 주는 입구 디자인이다.

그런데 건축가는 이 건물을 짓기 위해 얼마나 힘들었을까! 건물이 서 있는 자리 자체가 고고학적 가치가 있는 장소인데, 건물을 지탱할 기초를 만드는 단계의 생각부터 '유적 보호'가 숙명이었을 것이고, 그 어떤 기술적 문제로 유적에 손상 가는 일은 없어야 했을 것이다. 이후 더 발견할지도 모르는 유적이 있을 수 있으니, 설계를 담당한 건축가나 시공을 하는 사람들이나 모두 매 순간 긴장을 늦추지 못할 장소였을 것이라는 게 눈에 선하다.

새로 만들어진 건물은 출입구이자 리셉션이다. 이곳이 만들어지면서 크게 두 가지를 제대로 볼 수 있게 되었다. 우선 박물관 외부 복도에서 클뤼니 목욕탕의 외관을 자세히 볼 수 있게 되었다. 예전에는 접근 자체가 불가능했는데, 날 것 자체의 유적을 볼 수 있게 되었다. 그리고 온전히 목욕탕 유적을 방문할수 있게 되었다. 남아있는 유적에서 우리가 들어갈 수 있는 곳은 프리지다리움 공간이다. 내가 처음 이곳을 방문하고 나온 뒤, 가장 아쉬워 한 부분이 입구에 대한 것이었다. 기존에는 이곳이 중세박물관과 연결되어, 중세박물관을 통해 들어가야 했다. 시간의 축적이 전혀 다른 두 개의 공간인데 명확한 영역 구분이 없어 중세박물관에 묻어갔다. 처음부터 입구 자체가 다르면 좋을 텐데 하는 아쉬움이 남았던 터였다.

새로운 리셉션 건물로 입구가 분리되어 이제는 온전히 목욕탕을 경험할 수 있게 됐다.

자! 그럼 로마의 목욕탕에 들어가 보자.

프리지다리움에 들어가면 거대한 14m 높이의 공간에 압도된다. 거대한 아치와 벽 곳곳에 있는 작은 아치들이 당시 공간의 규모를 가늠케 한다. 이곳의 천장은 아치형 터널 두 개를 알맞은 각도로 교차시킨 돔형 천장이고, 꼭대기 부분에는 빛이들어올 수 있도록 '오큘러스(Oculus)'라고 부르는 구멍을 뚫어 놓았다. 당시에 벽은 대리석으로 만들었고, 바닥은 화려한 모자이크로 장식했다. 벽화와 조각들로 화려하게 장식되었다고는 하지만, 아무리 상상력이 좋아도 비어있는 공간에서 과거를 회상하기란 쉽지 않다. 대신 눈에 보이는 것을 먼저 쫓게 된다. 붉은색의 벽돌과 석재가 층층이 섞인 벽이 더 시선을 사로잡는다. 로마의 전형적인 건축기법이다.

유럽의 어느 지역을 가든지 로마 시대에 만들어진 건축물을 보면 균일한 크기의 돌처럼 보이는 것이 옆으로 길게 켜켜이 쌓여있는 것을 볼 수 있다. 그것이 로마의 벽돌이다. 로마의 벽돌은 오늘날 우리가 사용하는 벽돌보다 크고 납작했다. 오히려 타일이나 얇은 돌판에 가까운 모습이다. 그런데 로마인들은 왜 이런 납작한 모양의 벽돌을 사용했을까?

벽돌을 만들 때, 벽돌이 완전히 마르는 것은 매우 중요하다. 완전히 마르지 않을 경우 시간이 지나면 수축된다. 완전히 마르지 않은 벽돌을 쌓고, 마무리로 회반죽을 바르면 벽돌이 수축되면서 벽에는 균열이 생긴다. 로마의 건축가인 비트루비우스(Marcus Vitruvius Pollio)는 자신이 쓴 책에서 "여름에 만들어진 벽돌에는 결함이 있다. 가장 바깥쪽은 태양열에 빨리 굽는 반면 안쪽은 제대로 붙지 않아 부드럽고 부실하다. 바싹 마른 바깥쪽은 수분이 많은 안쪽에 비해 쉽게 수축할 것"이라고 했다. 아마도 벽돌이 균일하게 잘 마를 수 있도록 납작하게 만들어 사용하지 않았을까 추측해본다.

벽돌 아래 돌덩어리들이 뭉쳐져 있는 벽이 있다. 이것이 바로 '로마의 콘크리트'이다. 시멘트라는 단어의 기원이 되는 '시멘텀(cementum)'이라는 재료를 사용했는데, 석회가루와 자갈, 물에 특별한 재료를 혼합한 것이다. 이 특별한 재료는 나폴리 베수비오 화산 근처 포추올리(Pozzuoli)에서 발견되었는데, 이것은 모든 돌과 벽돌 사이에 강한 접착력을 만들어 내는 특성이 있다. 그 특별한 재료가 고대도시 폼페이를 순식간에 집어삼킨 화산재였다.

두 가지 재료를 샌드위치처럼 층층이 겹쳐서 사용했는데, 유럽 다른 지역에서도 이 방법으로 지어진 건물을 많이 볼 수 있다.

서양식 온돌 vs. 한국식 온돌

목욕탕에서는 많은 양의 뜨거운 물이 필요하다. 그 많은 물은 어떻게 데워서 사용했을까? 고온이라는 칼다리움 온도는 얼마나 높았을까? 도대체 물은 어디서 가져오는 거지? 건축물의 프로그램을 이해하고 나면, 자연스레 이를 유지하기 위한 다양한 설비와 기반시설에 관심이 가기 마련이다.

여러 문헌에서 발견한 것을 통합 요약해보면, 열탕, 온탕, 증기실 바닥에는 모자이크 무늬를 넣은 돌을 깔았고, 그 바닥 아래 지하에는 난방을 위한 길을 만들었다고 한다. 지하에 60cm 정도의 불에 견디는 내화기둥 벽돌을 세운 다음 그 위에 '온돌'을 설치했다.

사우나의 효시라고 할 수 있는 칼다리움은 섭씨 약 37℃ 이상 올라갔다고 한다. 물론 온도 조절을 잘했지만, 이곳을 사용하는 사람들은 뜨거운 바닥에 발을 데지 않도록 나무로 만든 샌들을 신었다. 벽 또한 꽤나 뜨거웠다. 벽은 겉으로 보기에 단단해 보이지만, 굴뚝처럼 비어있다. 공기가 차가워지면 아래로

공중목욕탕 단면 스케치

차가운 물 ⟶

뜨거운 물 ⟶

뜨거운 공기 ⟿

아궁이

온탕

내려오고 데워지면 올라가는 성질을 그대로 이용한 것이다. 아래에서 뜨거운 공기를 공급하기만 하면, 벽이 굴뚝처럼 비어있기 때문에, 자연스럽게 열기가 벽을 타고 올라갔다. 가마 위에 대형 청동 물탱크를 매달아 욕조에 공급할 물을 데웠다.

지금은 경험할 수 없지만, 그림으로나마 공중목욕탕의 내부를 그려보았다. 아궁이에서 데워진 물은 건물 아래를 지난다. 뜨거운 물은 열탕으로, 열탕에서 식은 물은 온탕으로, 각 실의 거리로 탕의 온도를 조절했다.

단순한 원리를 효과적으로 잘 이용한 것이다. 그런데, 이 기술의 원천은 로마가 아니다. 기원전 100년경 고대 그리스 목욕시설로 고안된 하이퍼코스트(hypocaust) 방식을 받아들여 발전시킨 것이다. 로마인들은 꽤 쓸 만한 발명품을 새로운 것으로 응용하는데 일가견이 있다. 벨이 발명한 전화기를 에디슨이 보급하는 형식이라고 할까!

하이퍼코스트를 떠올리면, 자연스럽게 온돌이 생각난다. 그렇다면 온돌과 하이퍼코스트는 어떻게 다를까? 원리는 비슷하다. 방바닥 밑으로 뜨거운 연기가 지나가면서 실내공기를 따뜻하게 데워주는 바닥 난방 방식이라는 점에서 같다. 그럼 무엇이 다를까? 몇 가지 비교기준을 가지고 살펴보자.

하이퍼코스트와 온돌을 나란히 두고 비교하면, 온돌은 추운 기후에 꼭 필요한 시설이었다. 현대 한옥의 방도 작은 편이지만, 온돌 초기의 방은 더 작았다. 집을 짓는 사람들은 한두 집 시공에 참여하고 나면, 그 원리를 쉽게 이해하고, 배우고, 흉내 낼 수 있었다. 온돌은 우리 기후 조건에 딱 맞는 난방방식이었기에 기술이 전승되면서 생명력을 유지할 수 있었다.

하이퍼코스트가 있는 곳은 따뜻한 지중해 기후로 생활공간의 난방용이라기보다 목욕이라는 특정 목적을 위해 만들어졌다. 감당해야 할 방의 규모도 매우 큰 편이다. 공중목욕탕은 지배계층에 의해 만들어진 정치적인 시설로 만드는데 많은 비용이 든다. 여러 시설이 엉켜 있는 목욕탕 안에 하이퍼코스트를 들이려면 목욕탕 구조를 잘 아는 전문가가 필요했다. 소수의 전문가가 로마의 점령지 여러 곳을 다니며 하이퍼코스트를 설치했다.

온돌과 하이퍼코스트의 단면 스케치를 보면 하이퍼코스트는 비용도 많이 들고 단단하게 지은 것처럼 보이는 반면 온돌은 왠지 허술해 보인다. 하지만 그 속을 열어 열전달 측면에서 비교해 보자. 열전달의 핵심은 공기가 지나가는 길 '고래'에 있다.

온돌은 줄고래 형식이다. 뜨거운 연기는 고래의 흐름에 따라 물이 흐르듯이 지나간다. 고래가 꺾여있으면 연기도 꺾인다. 온수 파이프의 물이 파이프 모양을 따라가는 것과 마찬가지이다. 방을 이리저리 지나가다 마지막 굴뚝을 통해 연기가 빠져나간다. 줄고래 방식은 아궁이가 2개가 되든, 3개가 되든 하나의 굴뚝이면 충분하다.

하이퍼코스트는 허튼 고래 스타일이다. 실의 바닥 밑이 전

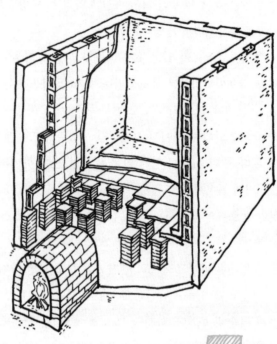

하이퍼코스트 - 로마식
(Hypocaust - Roman Style)

- 지중해 기후에 사용
- 대규모 공사
- 허튼고래 스타일
- 유희의 기능이 강함

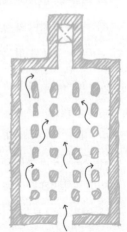

54

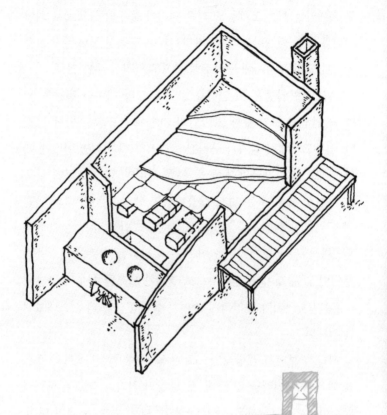

온돌 - 한국식
(Ondol - Korean Style)

- 추운 기후에 사용
- 소규모 공사
- 줄고래 스타일
- 난방과 취사 겸용

부 트여있는 허튼 고래는 뜨거운 연기가 출구인 굴뚝으로 최단 거리를 찾아 빠져나간다. 즉 가장자리나 구석진 곳에는 뜨거운 연기가 닿지 못하기에 구석구석 골고루 난방할 수가 없다.

그럼 로마인들은 이 단점을 알고도 그냥 내버려 두었을까? 벽 속 단면을 보았을 때 로마인의 기술에 감탄할 수밖에 없었다. 허튼고래에서 열기가 구석진 곳까지 가게 하려면 어떻게 해야 할까? 답은 간단하다. 굴뚝 수를 늘리면 된다. 그런데 굴뚝을 무한정 늘릴 수는 없지 않을까라고 생각했는데, 벽의 단면에서 기막힌 해결책을 보았다. 그들은 벽 안에 수많은 굴뚝을 두었다. 벽돌에 구멍이 나있어 벽을 구성하는 벽돌의 개수만큼 굴뚝이 있는 것이다. 전체적으로 열기가 필요한 사우나 공간에서, 열기의 마지막 순간까지 짜내어 실내공간을 데우고 내보내는 것이다.

이렇게 보면 고래방식만으로 온돌과 하이퍼코스트의 우열을 가리기는 어려울 것 같다. 두 난방의 원리는 같고 유사점이 많지만 발상지의 기후, 난방의 목적, 재료 수준, 고래의 타입, 굴뚝 수 등 다른 점이 많다. 게다가 구멍 뚫린 벽돌로 벽을 구성하는 아이디어는 플러스 점수 요인이 아닌가!

그래도 두 난방방식 중 무엇이 더 나은 것 같냐? 라고 결론을 내리라고 종용한다면, 아무래도 온돌을 선택하겠다. 한국인이어서가 아니라 역사에서 살아남은 '생명력'과 세대를 거치면서 발전한 '기술의 전승', 적은 연료로 오랫동안 열을 축적하는 기술면에서 그렇다는 것이다. 게다가 온돌은 난방뿐 아니라 취사를 겸한 '1+1 시스템'이기에 열의 활용면에서 더 효과적이라 생각한다.

그런데 이렇게 화려하고 대중이 좋아하던 공중목욕탕이 왜 폐허가 되었을까? 로마가 망해서? 이민족이 침입해서? 여러 가지 이유가 있지만, 가장 큰 이유는 건물의 프로그램에 대한 사람들의 생각이 변했기 때문이라고 생각한다. 건축물은 프로그램이 생명력을 다하면, 다른 프로그램이 들어와 그 공간을 사용하며 변형되어 간다. 사람들이 원하는 것은 시대에 따라 수시로 변한다.

로마 시대 말기로 접어들면서, 기독교의 지배가 확립된 뒤 남자끼리도 팔을 드러내지 않기 위해 긴 속옷을 입었다. 이전에 벌거벗고 운동하던 시대와 비교하면 변해도 너무 변한 것이다. 유럽 복식사에서 보면 팔, 다리가 드러나는 로마의 시원한 토가와 튜닉이 소매 끝까지 몸에 맞는 형태의 튜닉으로의 변화했음을 알 수 있다. 그러다 보니, 공중목욕탕을 장식했던 수많은 나체조각품은 기독교인의 관점에서는 파괴되어야 할 것이 되어버렸으며, 남녀가 벌거벗은 채 몸을 씻는다는 것은 죄악 그 자체였을 것이다. 또한 시설이 유지되기 위해서는 끊임없는 관리가 필요한데 로마인들이 사라진 이후, 유지관리를 위한 기술자, 노예들도 함께 흩어졌다.

로마시대 목욕탕의 흔적만 남은 박물관을 둘러볼 때면 오랫

동안 살던 집을 떠나 이사를 위해 모든 짐을 빼고 빈집을 둘러볼 때가 생각난다. 높은 층고로 한층 더 크게 들리는 발소리는 짐을 모두 빼낸 텅빈 방에서 울리는 소리 같고, 모자이크 타일이 제거된 채 벽돌만 남은 벽은 빛바랜 가구의 흔적이 얼룩덜룩 남아 있는 벽지만 남은 벽과 같다. 쓸쓸한 감정을 뒤로 하고 한때는 아름답고 흥겨웠을 그곳을 상상하며 작별을 고한다.

그리고 화려한 계단으로 만들어진 로마의 야외 원형경기장으로 발길을 옮긴다.

원형경기장

여행! 듣는 것만으로도 설렌다. 가족이나 연인, 친구와 함께하는 휴가 여행, '열심히 일한 당신 떠나라!'는 문구처럼 나에게 선물을 주는 여행, 삶의 중요한 기점에서 나 자신을 되돌아보고, 찾기 위해 나홀로 떠나는 여행…. 이유도 제각각이다. 비행기표를 구입하고, 숙소 예약을 하고, 짐 가방을 싸는 순간 이미 여행은 시작된다.

'이번에는 여유롭게 천천히 둘러보자!' 각오를 다지지만 이내 '그래도 애써 시간내 먼 곳까지 날아왔는데 하나라도 더 보고 경험해봐야지.' 생각하며 이른 아침부터 늦은 밤까지 엄청 바삐 많은 곳을 다닌다. 마치 오늘 몇 군데나 다녀왔다는 경쟁이라도 하는 것처럼. 피곤에 지쳐 늦은 밤 숙소로 돌아와 후회하며 '내일은 조금 여유있게!'를 다시 한번 다짐한다.

'여유롭게!' 출발 전 다진 각오가 문득 떠오르는 어느 날 여행자가 아닌 그 동네에 사는 사람이 되어 그들의 일상을 경험해 보겠다는 야무진 생각을 하며 동네 사람이 많이 모이는 벼룩시장도 가고, 동네 사람이 주로 가는 것처럼 보이는 작은 카페에 앉아 늦은 브런치를 먹기도 하고, 서점에 가서 책을 뒤적거리기도 한다. 임시로 머무는 곳이지만 내가 머물고 있는 숙소에 둘 꽃 몇 송이를 사서 들고 골목 여기저기를 기웃거리며 어슬렁어슬렁 다닌다. 마음에 드는 가게가 보이면 들어가보기도 하면서.

파리에서 이렇게 여기저기 기웃거리며 어슬렁대기 좋은 곳이 파리 5구에 있는 무프타흐 거리(Rue Mouffetard)이다. 과일가게, 치즈가게, 빵집, 와인가게, 식료품점 등과 같은 크고 작은 상점과 카페, 브라세리, 레스토랑과 같은 다양한 음식점이 활기를 더한다. 가끔 가게 주인이나 가게를 찾은 손님들과 가벼운 이야기를 나누기도 한다. 어슬렁어슬렁 기웃기웃 재미있고 편안한 거리이다. 볕 좋은 광장에서 어떤 이는 독서 삼매경에 빠져 있는가 하면 다른 이는 수다 삼매경이다. 바게트를 먹으며 비둘기에게 빵부스러기를 던져주는 이도 있다. 나는 광장이 보이는 카페에 앉아 커피를 마시며, 저녁에 어느 가게에서 무엇을 먹을까 생각한다.

이 거리는 평일도 좋지만, 주말이 정말 좋다. 주말 오전에 시장이 열리면 거리는 사람들로 더욱 북적인다. 오후에는 근처 예배당에서 노래 부르는 사람들을 간간이 볼 수 있다. 특별한 목적 없어도 꽉 찬 하루를 보낼 수 있는 거리이다. 여기저기 남아 있는 중세시대 건물은 중세로 시간 여행을 떠난 듯한 느낌이 들게 한다.

이 거리에서 약간 벗어난 곳에, 파리에서 유일하게 남아있는 로마시대의 원형경기장(Arènes de Lutèce)이 있다.

갈로 로만시대의 특급 이벤트

로마의 원형경기장하면 '콜로세움', 원형으로 둘러싸인 경기장을 떠올리게 된다. 그런데 파리에 있는 원형경기장은 좀 다른 모습이다. 그리스의 반원형극장처럼 생겼다. 파리의 원형경기장인 아레나는 때론 연극공연장이었다가 또 어떤 날에는 검투경기장이 되었다. 수시로 이 두 가지 행사를 치룰 수 있는 기능을 갖추고 있어야 했다. 상암 축구장에서 축구경기와 아이돌 공연을 모두 할 수 있는 것처럼.

갈로 로만시대의 파리 인구는 5,000~10,000명으로 추정하는데, 이 아레나는 도시의 인구보다 더 많은 17,000명을 수용할 수 있는 거대한 규모였다. 도시의 인구보다 더 큰 경기장이라니, 언뜻 이해가 되지 않지만 당시 아레나에서 벌어지는 경기는 그 지역 일대에서 가장 큰 볼거리였기 때문에 인근 도시 사람들까지 몰려왔을 것이다. 경기장을 크게 지은 또 다른 이유는 로마 제국과 황제의 힘을 과시하기 위해서 필요한 규모 이상으로 짓는 것이 유행이었다.

검투공연은 오전, 오후로 나누어 하루 종일 진행되었다. 오전에는 야생동물들의 싸움, 동물과 사람의 싸움과 같은 볼거리가 제공되었다. 며칠 동안 굶긴 사자, 곰, 호랑이 심지어 악어 같은 사나운 동물이 사람과 싸운다. 사람이 죽거나 동물이 죽거나 해야 싸움은 끝이 난다. 가끔은 색다른 프로그램으로 여자

로마에서는 그리스와 달리 평지에 구조물을 세우고
원형경기장을 지었다. 관중석 가장자리에는
나무기둥이 쭉 늘어서 있는데, '벨라리움'이라는
그늘막을 설치하기 위한 구조물이다.

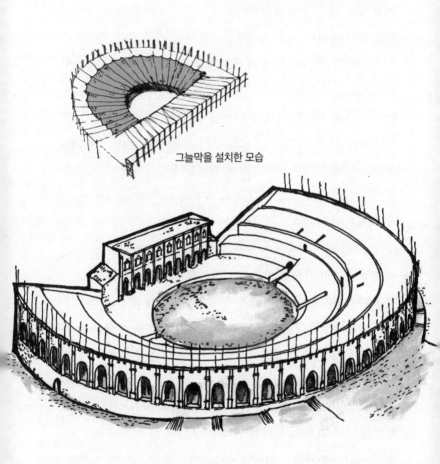

그늘막을 설치한 모습

검투사나 난쟁이들의 공연이 펼쳐지기도 했다.

오후에 사람들이 고대하던 검투사들의 경기가 벌어진다. 몸이 재빠른 검투사와 덩치가 크고 둔한 검투사의 대결, 한 명과 여러 명의 대결 등 프로그램을 다양하게 구성해 관객이 지루할 틈을 주지 않았다.

전쟁포로 출신의 노예, 호구지책으로 검투사가 된 사람, 자유민으로 스스로 원해서 싸우는 검투사 등 다양한 계층의 사람들이 검투사를 했다. 요즘 아이돌 그룹의 팬클럽처럼 당시 검투사들에게도 팬이 있었다. 오빠 부대가 쫓아다니기도 하고, 극성팬도 있었다. 검투사는 신분에 관계없이 당대 최고의 스타였다. 승률이 높은 검투사가 경기를 갖는 지역은 그 열기로 도시가 들썩거렸다.

당대 최고의 스타인 검투사들의 생활은 어땠을까? 검투사들에게 싸움의 기술을 가르치는 검투사 학교가 있었다. 학교는 매우 혹독하기로 유명한데 '라니스타(lanista)'라 불리는 검투사 조교는 훈련생들을 곤봉과 채찍으로 때렸다. 훈련에 잘 따라오지 못하는 훈련생은 실력이 훨씬 뛰어난 다른 훈련생의 살해 연습 도구가 되거나 '베스티아리(bestiarii)'라고 해서, 검투공연 오전에 투입이 되는 짐승과 싸우는 검투사가 되어야 했다. 이런 혹독한 훈련 과정을 견디지 못해 자살하는 이도 많았다고 한다. 로마의 정치가이자 시인인 세네카의 기록에 의하면, 마차로 이송하는 중 조는 척하며 마차 바퀴에 머리를 들이밀어 자살하

여러 문헌에 나온 프로그램을 바탕으로 홍보 포스터처럼 그려보았다.

먼저 사자와 호랑이, 맹수와 검투사 경기로 흥을 돋운다.
이어서 라이트급과 헤비급, 다른 무기 대결, 한 사람과 여러
사람의 대결 등 다양한 프로그램으로 이어진다.

기도 하고, 동료끼리 싸워야 하는 상황이 왔을 때 싸우기 싫은 검투사들은 서로 목을 졸라 자살하는 방법을 택하기도 했다고 한다.

당시의 주식은 밀이었는데, 검투사들은 가축용 사료 취급을 받던 보리를 먹었다. 지금이야 보리가 섬유질과 단백질이 많은 다이어트 식품으로 평가받고 있지만 고대 로마사람들은 보리를 먹으면 빨리 살이 늘고, 싸움 중 출혈이 있어도 오래 견딜 수 있다고 생각했다고 한다.

검투사들은 한 번 경기를 치를 때마다 숙련된 장인에 버금가는 상당한 액수의 돈을 벌었지만 마차경주 도박같은 취미생활로 돈을 모두 탕진하는 이가 많았다. 사치 향락을 즐기는 검투사는 수입보다 많은 돈을 탕진해 여러 가지 사회 문제도 발생했다. 스타들이 도박과 마약으로 입에 오르내리는 것과 비슷하다는 생각이 든다. 노예 신분인 검투사는 대전료를 모아 자유인이 되기도 했는데, 그렇게 인기와 부를 얻고 노예 신분을 벗어난 '성공'한 검투사는 극소수였다. 승률이 높은 검투사는 비싼 투자 상품이었기에, 그의 죽음은 한 사람의 죽음이 아닌 재산의 손실로 여겨졌다.

경기가 있는 이른 아침이면 검투사들은 커다란 방에 모여 식사를 했다. 관객은 검투사들이 식사하는 모습을 보고 자신이 돈을 걸 검투사의 정보를 얻었다. 검투사를 다룬 영화를 보면 울퉁불퉁 근육질인 사람이 스타가 되는데, 현실은 좀 달랐다.

현실의 검투사는 좀 뚱뚱한 편이었다. 지방이 많으면 상처가 나도 더 오랫동안 버틸 수 있는데, 승률이 높은 검투사는 싸움을 잘하기보다는 오래 버티는 사람이다. 덩치가 크고 뚱뚱할수록 승률이 높았기에 사람들은 그들을 직접 보고 경기 결과를 예측했다.

갈로 로만시대 파리의 아레나는 인생의 희극과 비극을 이야기하는 연극의 무대이자 검투사의 결투, 사나운 맹수와 목숨을 건 사투가 펼쳐지는 피가 낭자한 살해 현장이었다.

아레나 방문

파리의 로마식 원형경기장을 찾아가 보자. 대로변 주택가 뒤에 숨어 있는데다가 숲이 우거진 공원이 먼저 눈에 들어오기에 동네 공원으로 생각하고 지나치기가 쉽다. 이곳을 찾는 이도 드물다.

지하철로 효율적으로 바로 가는 방법도 좋지만, 개인적으로 다른 길을 추천한다. 오전에 앞서 이야기한 무프타흐 거리의 시장에서 점심거리를 사들고 아레나로 걸어와 공원에서 점심 먹는 것을 추천한다. 딱히 타임머신은 아니지만, 거리를 천천히 걷고 도로를 건너며 당시의 시간으로 들어가기 위한 의식처럼 과거의 장소로 들어가보자. 아레나로 들어가는 방법은 두 가지이다. 하나는 건물 사이로 보이는 입구를 이용하는 방법이고, 다

로마 원형경기장 유적지(Arènes de Lutèce) 위치도

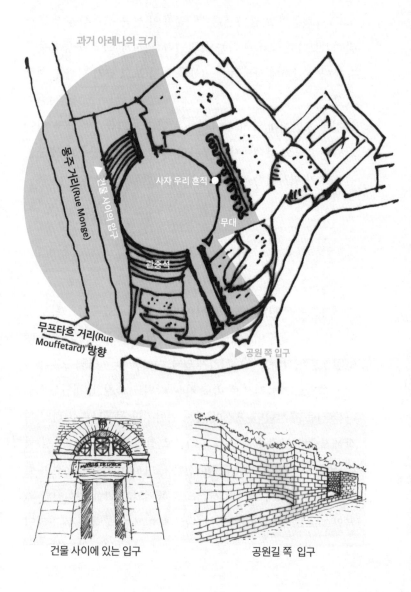

과거 아레나의 크기

몽주 거리(Rue Monge)

건물 사이의 입구

사자 우리 흔적

무대

관중석

무프타흐 거리(Rue Mouffetard) 방향

공원 쪽 입구

건물 사이에 있는 입구

공원길 쪽 입구

른 하나는 공원의 초록색 철책을 따라 걸어가면 보이는 입구를 이용하는 방법인데 나는 공원길 쪽의 입구를 좋아했다. 겉보기에는 동네 공원처럼 보이지만 입구 양옆의 오래된 벽이 이곳이 특별한 곳임을 알려준다.

이곳은 1860년까지는 존재가 알려지지 않았다. 당시 파리는 도시 전체가 공사장이었다고 해도 과언이 아닐 만큼 개발 열풍이 불었다. 곳곳이 공사장이고 폐허였다. 이곳 역시 예외는 아니어서 땅을 파던 인부가 움푹 패인 어느 장소에 들어가게 됐다. 그곳은 옛 석공작업장이었다. 주변이 심상치 않아 보여 주변을 더 살폈는데 오래된 유적의 흔적이 발견되었다. 비로소 원형극장의 실체가 드러난 것이다. 당시 파리시 당국은 경제성을 이유로 이 원형경기장을 없애려고 했는데, 빅토르 위고가 이 아레나를 지켜야 할 이유를 쓴 편지를 시의회에 보냈다. 시의회의 경제 논리를 뒤집고 '문화인의 자존감'으로 유적을 지키는 데 공헌했다. 위고의 역작인《레미제라블》을 보면 정치와 사회 문제를 지적하는 '투사'로서의 면모가 보이는데, 그는 실제로도 자신의 이상주의적 사회건설을 위해 세상에서 일어나는 일에 불같은 열정으로 글을 써서 의견을 피력했다. 지금 우리가 아레나를 볼 수 있게 된 것도 빅토르 위고 덕분이다.

단단하게 쌓은 오래된 높은 벽 위로 나무가 우거져 터널을 이룬다. 양옆의 외벽은 흡사 좁은 협곡같다. 협곡 위 나무들은 서로 뒤엉켜 있다. 가운데 움푹 파여 있는 담장의 두께와 반원

대로에서는 보이지 않지만, 골목으로 들어오면
높은 벽 위로 나무가 울창하게 우거져 있는 입구가 보인다.
터널을 지나 환한 운동장에서 햇살이 쏟아질 때,
검투사에게 소리를 지르는 환호성이 들리는 듯하다.

을 그리고 있는 담이 예사롭지 않다. 저 멀리 안쪽의 운동장은 햇빛을 받아 눈이 부시도록 밝았다.

들어가는 입구 왼쪽의 계단으로 먼저 올라가보자. 그곳이 당시의 관람석이다. 원하는 자리에 앉아서 동네 꼬마들의 헛발 축구도 구경하고 주변 전망을 찬찬히 둘러보자. 타원형의 운동장 맞은편으로, 저 멀리 규칙적으로 배열되어있는 기둥과 오래된 벽과 스탠드가 보인다. 눈앞에서 역사의 현장이 다시 살아나는 듯하다. 그나저나 관람석 어디에 앉으셨는지? 예전에는 계급에 따라 앉을 수 있는 자리가 정해져 있었다. 가장 맨 앞줄과 1층에는 황제(집정관), 원로원이나 귀족은 2층, 남자는 3층, 여자나 노예는 4층에 앉았다.

지금은 꼭대기 층이 사라지고 없지만, 맨 위 산책로로 올라가, 경기장의 크기를 가늠해본다. 그곳에서는 무대 위 배우들의 표정이 보이지는 않겠지만, 대신 도시의 전경을 조망할 수 있었을 것이다. 지금은 주택으로 가려져 있지만, 당시에는 저 멀리 센강의 지류인 비에브르강(Biévre)이 조용히 우아하게 흐르고 있는 풍경이 눈에 들어왔을 것이다. 센강 너머 지금은 이민자들의 다양한 문화와 음식, 거리 곳곳의 벽화와 그라피티로 유명한 벨빌(Belleville) 언덕도 보였을 것이다. 당시에는 초록으로 뒤덮인 언덕이었을 뿐이지만 언덕이 아닌 인위적인 높은 곳에서 파리의 전경을 볼 수 있는 유일한 전망대를 겸하는 장소였을 것이다.

관람석 정면에는 경기장의 절반을 차지하는 무대가 설치되어 있었다. 지금은 기단부만 남아있다. 무대 양쪽 벽의 길이는 약 40m로 화려하게 장식되어 있었다고 한다. 무대 뒤 주랑과 아치들이 멋진 무대배경이 되어 준다. 이 멋진 무대는 그리스 비극 공연을 만나면 끔찍한 장소가 되어버린다. 죽은 척 연기를 하는 게 일반적인데, 당시 사람들은 더 극적이고 자극적인 장면을 원해서 공연 중에 진짜로 사람을 죽였다. 죽임을 당하는 역할은 범죄자에게 맡겨졌다고 한다. 생의 마지막 순간을 연극의 대사에 실어 대중에게 박수를 받으며 죽는 범죄자의 마음은 어땠을까? 그걸 바라보며 함께 연기를 하던 연기자들은 어떤 생각을 했을까? 죽음의 의미와 경중이 지금과는 다르다고 하지만, 그의 죽음은 무엇이었을까?

무대 가운데 아래를 보면 운동장 안쪽으로 들어간 부분이 있다. 그 부분의 아래를 보면 쇠창살이 있는 반원형의 작은 창이 보인다. 워낙 작아 신중하게 보지 않으면 지나칠 수 있다. 바로 사자 우리이다. 사자와 검투사의 경기를 떠올리면, 사나운 사자가 떠올라야 하는데, 작은 창살 우리에 갇힌 모습을 상상하니, 그 옛날 2000년 전 영문도 모르고 끌려온 사자가 두려움에 떨고 있었을 장소라는 생각이 드니 사자가 측은해진다. 사실 동물이 무슨 죄가 있었을까? 그저 평온하게 자신이 살던 지역에서 갑작스레 로마 군인이나 점령된 지역의 주민에게 잡혀서 로마 식민지의 각 아레나로 보내졌을 뿐인데. 자신들의 유희를 위해 강제로 끌고 와 사람들과 싸우게 사람들이 만들었다.

경기에 등장하는 동물은 로마제국의 홍보에 대단히 중요한 상징성이 있었다. 코끼리는 북아프리카, 하마는 누비아, 사자는 메소포타미아에서 잡아왔다. 사람들에게 이국적인 동물 그 자체도 흥미로운 것이지만, 동물을 데려온 곳이 바로 로마가 정복한 지역들이다.

공격 의지가 없어 보이는 동물은 굶겨서 화를 돋우어 무장한 사람들과 싸우게 했다. 공격성이 없던 동물도 굶기고 때리면 사나워질 수밖에 없지 않겠는가. 경기에서 죽은 다양한 동물은 귀족의 요리사들이 구입해서 그날의 저녁 식사 재료로 사용했다. 로마의 귀족들은 진기한 요리로 가득한 저녁 식탁에서 자신들의 권력이 어디까지 뻗어있는지 식탁에서 먹고 마시며 이야기했다.《꽃을 좋아하는 소 페르디난드》(먼로 리프 지음, 로버트 로손 그림, 정상숙 옮김, 비룡소, 1998)에 나올 법한 이야기도 로마의 현실에서는 꿈 같은 이야기였을 것이다.

로마 시대 소재 영화에서 초기 기독교인이 경기장에 끌려 나와 기둥에 묶여 관중이 지켜보는 가운데 맹수의 먹이가 되는 형벌을 받는 장면을 본 적이 있을 것이다. 일부 기독교인들이 이런 극형을 받기는 했지만, 실제로 그런 경우는 거의 없었다. 로마 말기 기독교인들은 많은 권력과 재력을 가진 상태였기에, 실제로 이런 극형을 받는 대상은 산적이나 해적이었다. 로마는 제국의 안정을 위해 치안 유지에 노력을 기울였다. 특히 도로변에서 벌어지는 도둑질에 중벌을 내렸는데 로마의 경제를 해치는 무거운 죄로 시민들에게 본보기를 보여주어야 했다. 자극적인 장면으로 시민의 환심도 사고, 중벌은 엄하게 처벌한다는 교훈도 줄 수 있는 리얼리티 쇼는 로마제국의 지도자들에게는 정치를 위한 좋은 수단이었다. 또한 시민들에게는 제국의 유지를 위해서는 당연히 치러야 하는 대가이며 저들은 죗값을 치르는 것이라는 점을 지속해서 보여주는 것이었다.

대형 경기장 설계의 핵심

파리의 아레나에서 아쉬운 것이 있다면, 당시의 건축기법을 볼 수 없다는 점이다. 바로 로마 건축술의 핵심인 벽돌과 아치, 콘크리트를 볼 수 없다. 물론 파리의 다른 유적과 프랑스 여러 지방에서 발견할 수 있지만 아쉬움은 어쩔 수 없다.

4층에 걸쳐 있는 관람석의 경사를 유지하기 위해 외벽은 성벽처럼 높았다. 물론 그 높이를 모두 두꺼운 벽으로 채우지는 않았다. 또한 연극공연과 검투사의 경기를 위해서는 다양한 보조공간이 필요한데, 관람석 아래 공간을 사용했다. 이것을 가능하게 한 것이 바로 아치와 볼트(둥근 천장)이다. 볼트는 아치를 여러 개 연결한 것이라고 생각하면 이해하기 쉽다. 위에서 내려오는 하중은 곡면을 따라 양 벽으로 내려가게 하는 역할을 한다.

여기서 잠깐 아치의 원리와 재료를 알아보자. 벽돌과 콘크리

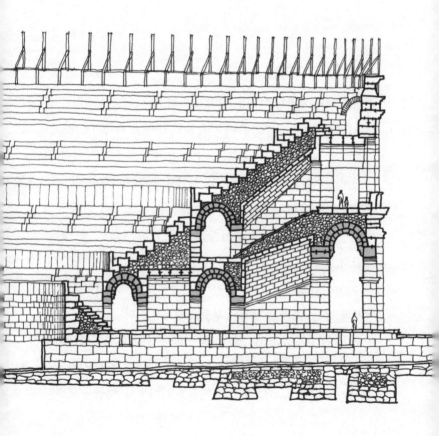

트는 건물을 지을 때 많이 사용하는 재료로 이 둘은 로마 건설 문명의 바탕이다. 이 둘의 협업이 없었다면, 콜로세움과 같은 거대한 건축물은 만들어질 수 없었다. 벽돌은 차곡차곡 쌓는 재료로 돌처럼 무겁지 않아 운반하기도 편하다. 벽돌처럼 쌓기 쉬운 재료가 단독으로 할 수 없는 게 허공을 가로지르는 것이다. 벽돌로 벽을 만들면서 적당한 곳에 창도 내고 문도 내야 하는데 이게 안 된다. 로마시대 이전 에트루리아인들이 이것을 극복하기 위해 '아치'를 발명했고 로마는 이를 가져와 로마에 맞게 잘 만들었다. 아치 발명 이전에는 인방이나 보를 활용했는데 건물 사이가 멀어지면 그 길이만큼 인방이나 보를 길게 만들어야 하기에 쉽지 않았다. 이것을 보완한 방법이 아치이다. 로마인들은 아치 구조를 이용해 더 많이 더 높이 쌓아올릴 수 있었다. 아치 구조는 각자의 발바닥을 보면 바로 이해할 수 있다. 발바닥 아래는 살짝 오목하게 들어가 있는데, 이 오목한 부분이 걸을 때 스프링 역할을 한다. 체중이 실리면 오목한 부분은 주저앉으며 충격을 흡수하고, 발바닥을 떼면 올라가 다시 균형을 잡는다. 이 발바닥의 오목한 부분에서 충격을 흡수하고, 분산시켜 몸에 가해지는 힘을 최소화한다. 그래서 이 완충작용을 하는 오목한 부분이 적은 평발을 가진 사람은 오래 걸으면 쉽게 피로를 느끼고 아파한다.

　로마인들은 아치의 저항력을 이용해 더 강하고 거대한 건축물을 지을 수 있었다. 벽돌을 곡선으로 바로 쌓을 수는 없다. 중

력으로 인해 떨어지기 때문이다. 아치를 만들기 위해서는 나무
틀로 아치 모양을 만들고 그 위에 돌이나 벽돌을 차곡차곡 쌓
아 나간다. 아치 꼭대기에는 이맛돌을 두는데 돌의 무게를 양쪽
으로 분산시켜 주변 벽으로 퍼져 나가게 하는 역할을 한다.

로마는 광장과 신전 건물, 원형경기장, 공중목욕탕 그리고
물을 나르는 수도교 등 모든 것을 아치와 벽돌로 만들었다. 아
치는 건축사의 흐름에서 매우 획기적인 발명품이다. 기둥과 아
치 구조는 구조적으로 강도는 유지한 채 많은 하중을 줄여준
다. 그 결과 원형경기장 내부에 많은 통로와 관람객이 사용할
시설, 무대를 위한 준비실, 동물들과 검투사 대기실 등… 여러
가지 기능을 위한 실을 배치할 수 있었다. 외벽은 주로 대리석
으로 장식하고, 로마인들은 그리스 건물처럼 보이게 하려고, 건
물 외부에 반기둥을 장식으로 세웠다.

외관이 화려하고 볼거리가 풍부한 경기장이라 할지라도 온
종일 뙤약볕이 내리쬔다면 금방 지쳐버리게 된다. 극장이나 원
형경기장은 이런 대낮의 따가운 햇볕을 피하기 위해 '벨라리움
(Velarium)'이라는 접이식 차양을 설치했다. 외벽에 선반을 두고
그 선반 위에 나무기둥을 고정, 기둥에는 도르래와 밧줄을 달
아 거대한 원형 천막을 접기도 하고 펼치기도 하면서 태양 빛을
가려주었다. 원리는 요트에 달린 돛과 같다. 돛은 밧줄과 윈치
도르래로 작동하며 수직으로 올라가지만, 벨라리움은 수평으
로 펼쳐진다고 생각하면 된다.

검투 경기는 무료였기에 많은 사람이 한꺼번에 몰려들었다. 경기가 끝나면 경기장을 가득 메운 사람들이 한꺼번에 빠져나갔다. 예나 지금이나 다중이 이용하는 경기장은 안전설계가 가장 중요한 요소 가운데 하나이다. 현재 사용하는 경기장을 보면 평균 12분에서 15분이면 관람객이 모두 경기장을 빠져나갈 수 있게 설계되었다. 그렇다면 당시에는? 질서를 지켜 차근차근 나갔을까? 떠밀려서 넘어지는 사람은? 과연 그 사람들이 다 빠져나가려면 입장하는 시간만큼 오래 걸렸을까? 소리치며 흥분한 관중들이 잘 참았을까? 결론부터 이야기하자면, 지금보다는 2배 정도 되는 시간이 걸렸다고 한다. 당연히 상류층이 퇴장하기 더 쉬웠다. 그들이 앉은 관람석 쪽에 더 많은 통로가 있었기 때문이다. 현재의 경기장 설계는 좌석의 위치와 상관없이 빠져나가는 속도를 똑같이 설계한다. 다만, 높은 곳에 앉으면 내려오는 시간이 좀 더 걸리긴 한다. 계단의 경사를 줄이고 계단 폭을 최대한 넓게 해 관람객이 안전하게 빠져나갈 수 있게 했다. 낮은 계단이 많을수록 관중들이 쉽게 빠져나갈 수 있기 때문이다. 그리고 통로를 넓혀 집중되더라도 혼잡이 덜하도록 설계했다. 관람객을 빨리 안전하게 내보내기 위한 건축적인 기법은 지금과 거의 같다.

원형경기장은 콘크리트라는 새로운 재료와 아치라는 신공법, 천을 사용한 가변적인 지붕, 피난을 위한 통로 설계 등 당시 첨단기술의 집합체였다.

관람석 계단을 박자에 맞추어 내려간다. 어디선가 나의 발소리에 맞추어 관중들의 박수소리가 들리는 듯 하다. 목숨을 걸고 싸우던 검투사의 거친 숨소리, 죽어가던 야생동물의 신음소리, 삐걱거리며 펼쳐지던 벨라리움의 도르래소리, 간식이 있다고 소리치는 상인들의 목소리가 바람에 실려오는 듯하다.

들어온 길과 반대인 정문으로 나간다. 짧은 회랑을 통과하며, 숨을 깊게 쉬어본다. 귓가에 들리던 오래된 원형경기장의 생생한 속삭임은 자동차 소음에 순식간에 사라졌다.

최초의 도로에서
발견한 미니 로마

미니 로마 도시계획

로마의 도시계획에 관심을 가지게 된 계기는 고대 로마의 도시계획은 '문두스에 재물을 바친다'라는 문장, 그 한 줄이었다.

지옥의 입구라는 문두스(Mundus)! 문두스는 라틴어로 세계, 우주, 하늘 등을 뜻한다. 문두스는 둥근 구덩이로 하늘의 돔을 복제한 모양일 것이라고 로마인들은 상상했다. 로마인들은 지금의 핼러윈처럼 세 번의 특정한 날에 지하세계와 소통한다고 생각했다. 로마 달력에는 지하세계의 영혼을 기억하고 기리고 달래는 파렌탈리아(Parentalia, 2월 13일~21일)가 있는데, 그 기간 동안 가족은 돌아가신 친척의 무덤에 모여 희생제물을 바쳤다. 5월에는 매장되지 않은 죽은자들을 위해 제물을 바쳤다고 한다. 현재 문두스는 소설과 게임에서 지옥의 입구로 표현되기도 한다. 판타지 소설에서나 볼 법한 이 단어! 비이성적이지만 얼마나 매혹적인 단어인가! 소설에만 등장한다고 생각한 단어가 의미는 조금 다르지만 로마의 도시계획에 실제로 있었다는 문장을 보는 순간, 이 문두스라는 장소가 실제로 파리의 어디인지 궁금했다.

그 위치를 정확하게 찾기 위해서는 우선 로마가 도시계획을 어떻게 하는지 알아야 했다. 소설에 나올 법한 장소를 찾고 싶은 마음이 '로마는 어떻게 도시를 건설하는가' 공부로 이어졌다. 잿밥에 관심이 많았고, 누가 시킨 것도 아닌데, 비교적 자세하게 들여다보고 찾아본 것 같다. 현재의 지도 위에 당시의 도로를 그려보고, 문두스의 위치를 찾아보았다. 로마의 도시계획에서 초기부분만 열심히 자료를 찾으며 공부하고, 이후의 부분은 제대로 공부하지 않은 것이 이제와서 후회된다. 문두스는 팡테옹 근처 한 건물에 있다. 당시에는 혼자 고대 로마 도시계획의 비밀을 발견한 양 즐거웠다. 그러면서 한동안 팡테옹 근처에는 가지도 않았다. 혹시 갈 일이 있을 경우에도 그 건물을 멀리 에둘러 다녔다.

그곳은 어쨌든 2000년 전에 지옥의 문을 닫은 곳이지 않은가! 혹여 지옥의 문이 열리기라도 한다면?! 하는 말도 안 되는 상상을 하며 혼자 조심조심 그 주변을 서성이던 때가 있었다.

로마의 도시계획가들이 도시를 어떻게 만들었는지 살펴보자.

고대 로마를 이야기하는 책을 보면 로마는 법률 제정, 뛰어난 건축술, 고도로 발달한 상업 등 상당히 이성적이고 과학적인 나라로 느껴진다. 그러나 그들에게 매우 중요한 것은 신화였다. 그리고 그 신화를 종교로 숭배했다. 고대국가가 만들어질 때, 신화가 포함되어 있다. 다른 민족과 차별성을 두기 위한 것일 것이다. 제국이 클수록 신화나 종교는 꼭 필요한 존재이다. 그도 그럴 것이 서로 모르는 사람들이 협력하며 공동체를 이루기 위해서는 공통의 지향점이 필요하다. 고대 로마 시대에는 신화가 그 역할을 했고, 중세에는 기독교가 그 역할을 했다.

로마인들은 기하학을 응용한 격자형 도시를 만들었는데, 아치처럼 이것도 로마가 처음 창안한 것은 아니다. 로마가 세를 떨치기 수천 년 전, 수메르(Sumer)의 가장 오래된 도시나 이집트, 중국의 고대도시들도 격자형 도시였다. 우리나라의 경주도 과거 통일신라시대 '왕경'이라 불린 도시로 약100만 명이 살던 격자형 도시였다.

자, 이제 로마인들이 도시를 '탄생'시키는 과정을 살펴보자.

로마인들은 육체의 배꼽과 같은 도시의 중심부, 이른바 움빌리쿠스(umblicus)라는 지점을 먼저 잡는다. 계획가들이 하늘을 연구해 이 움빌리쿠스를 찾아냈는데, 태양의 이동 경로는 하늘을 두 부분으로 분할하고, 밤하늘의 별을 다시 직각으로 분할해 하늘은 네 부분으로 나누어진다고 생각했다. 하늘의 이 네 부분이 만나는 지점이 땅에 똑바로 투영된 지점을 찾아 거기에 도시를 건설하는데, 계획가들은 그 테두리에 신성한 경계선, 즉 포메리움(pomerium)이라 불리는 고랑을 만들었다. 정착민들은 움빌리쿠스에서 직교하는 두 개의 주요 가로를 그은 후, 카르도 막시무스(cardo Maximus), 데쿠마누스 막시무스(decumanus Maximus)로 불렀다. 이 대칭의 사분원을 측량사는 또 다시 네 부분으로 나누었다.

당시 파리의 남북을 관통하는 길인 카르도가 지금 남아 있는 생자크(Rue Saint-Jacques) 길이다. 이 길은 시테섬을 관통한다. 바로 이 길이 파리의 첫 번째 길이다. 갈로 로만시대의 데쿠마누스는 명확하게 길이라기보다는 센강이 그 역할을 담당했다.

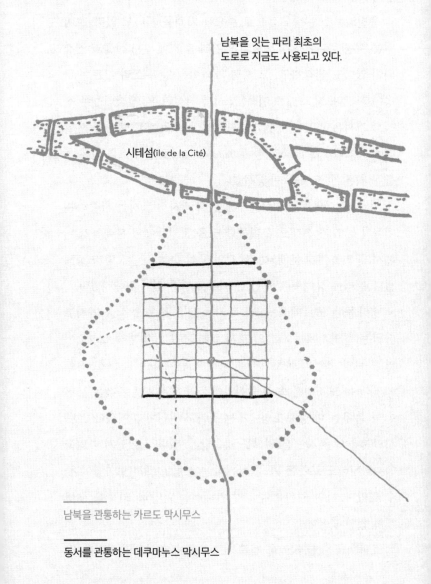

남북을 잇는 파리 최초의
도로로 지금도 사용되고 있다.

시테섬(île de la Cité)

남북을 관통하는 카르도 막시무스

동서를 관통하는 데쿠마누스 막시무스

당시 교통과 물자 운송의 중심은 물길이었다.

움빌리쿠스는 종교적으로 중요한 가치를 지니고 있다. 로마인들은 움빌리쿠스가 도시의 인간사를 지배하는 신들과 연결되어 있다고 생각하고, 그 지점 가까이에 '문두스'라 부르는 구덩이를 팠다. 말 그대로 지옥! 도시를 건설한 후, 정착민들은 집에서 가져온 과일을 비롯하여 재물을 문두스에 바쳐 신들을 달래는 의식을 치르고 신성한 돌(lapis manalis)로 문두스를 덮은 후 불을 지른 후 도시를 '탄생'시켰다.

이와 같은 새로운 도시를 만들면서 격자형 도시를 지향하는 이유가 있었다. 전쟁으로 획득한 땅을 군인들에게 분배하기 위해서. 군인들에게 분배되는 토지의 구획 수는 서열에 따라 정해졌다. 전쟁에 참여하는 가장 큰 이유도 땅을 얻기 위해서였다.

병사들은 포르메(forme)라 불리는 작은 청동 조각을 가지고 다녔는데, 여기에는 자신의 토지 위치와 규모, 형태가 표시되어 있다. 로마 군인의 복무기간은 무려 25년이다. 이들을 도와 함께 싸우는 보조병은 속주 출신인데 그들 역시 복무기간은 25년이다. 복무를 마친 보조병에게는 로마 시민권이 주어졌다. 로마 시민권을 얻은 사람은 권리를 세습할 수 있다. 적이었거나 외국인이었더라도 로마에 '뜻을 함께하는 사람'으로서 로마인이 될 수 있었다. 다만 권리를 누리기 위해서는 마땅히 '의무'를 수행해야 했던 것이다.

로마제국은 한 지역을 정복하고 그곳에 자신들의 문화를 담은 도시를 건설할 때 '미니 로마'라는 표준화된 기준을 적용했다. 전쟁으로 굴복시켜 우리의 영토가 된 땅의 사람들을 잘 다스리기 위해 자신들이 사용하던 화폐, 언어, 법, 규범 등을 동일하게 적용하는 게 여러모로 편리했을 것이다. 파리는 뤼테시아 파리시오움(Lutetia Parisiorum), 런던은 론디니움(Londinium)이었다. 모두 '미니 로마'였다. 지금의 템스강에는 든든하게 생긴 런던 브릿지가 있지만, 그곳에는 나무로 된 다리와 로마식 도로가 있었다.

그런데 전쟁으로 땅을 빼앗고, 정복하면 기존 그 땅에 살던 사람들의 반발이 있었을 텐데, 어떻게 융화되었을까? 로마의 식민 지배 배경에는 건축의 힘이 매우 컸다고 생각한다. 침략자였던 로마인들은 정복한 땅의 사람들이 직접 자신들의 기술과 문화를 보고, 경험하게 했다. 그들의 종교 옆에 자신들의 종교를 가져다 두었고, 재판소, 공공기관, 공중목욕탕, 원형경기장 등을 건설해 로마의 문화가 생활 속에서 시나브로 젖어들게 했다.

그렇게 만들어진 2세기의 파리로 들어가 보자.

2세기 도시 산책

전쟁이 끝나고 로마인들은 바로 도시재건에 착수했다. 제국이라는 하나의 틀에 다양한 민족과 그들의 문화를 인정하는 '포용' 정책을 실시했다. '포용'은 지배 쪽의 단어이지만, 일방적으로 한쪽에서 흘러들어가는 것은 아니다. 로마 문명을 전파해

'로마화'하기도 하지만, 이방 민족 문화의 영향을 받기도 하면서 발전했다. 그것이 로마의 힘이었다. 그것은 건축에도 고스란히 반영되었다. 로마건축의 특징을 간단하게 한 줄 요약하자면, 시대적으로 앞선 문명의 선례를 받아들였고, 지리적으로 다른 지역의 사례도 받아들이면서 로마는 그 시대에 가장 보편적인 건축방식을 만들어 냈다. 파리 역시 도시의 중심부는 로마화 되었지만, 주거지역과 주변의 시장은 지역적인 전통을 살려 나갔다. 즉 로마는 농촌인 갈리아에 존재하지 않던 도시의 화려함과 도회적인 생활을 가져왔고 켈트족의 문화적 흔적인 도기, 금, 은 세공기술, 야금술 등은 명맥을 유지했다. 로마는 점령한 지역의 피지배 민족을 억압하기보다는 구슬려서 로마의 편으로 만들고자 했고, 도시는 계속 확장하면서 파리시의 부족들과 공존해 나아갔다. 이 두 문화가 융합되어 '갈로 로만'이라는 새로운 문화가 탄생했다.

카이사르는 이곳을 라틴어로 진흙을 말하는 루툼(Lutum), 그리고 앞서 켈트족이 사용하던 갈리아 언어로 늪을 말하는 루토(Luto)를 합쳐 뤼테시아(Lutetia, Lutetia Parisiorum)로 명명했다. 그것이 프랑스어로 옮겨지면서 뤼테스(Lutèce)가 되었다. 파리에는 '늪에서 생긴 도시'라는 뜻이 담겨 있다.

2세기의 파리는 센강 한가운데에 있는 시테섬을 기준으로 나누어볼 수 있다. 시테섬 북쪽에 있는 큰 다리(grand pont)를 건너면, 지금은 개성이 넘치는 세련된 마레지구이지만, 당시에는 진흙으로 기와를 굽거나, 밀을 심고 소를 기르던 곳이었다. 지금 예술가의 언덕이라 불리는 몽마르트 언덕에는 당시 멀리 여행과 장사를 하러 떠나는 사람들이 안녕과 사업 번영을 빌기 위해 들르는 머큐리 신전이 있었다. 당시 도시를 유지할 기반산업은 대부분 시테섬 북쪽에 있었다. 습지가 없는 평지가 북쪽에 더 많았지만 적으로부터 도시를 방어해야 하는 당시에는 센강이 최후의 방어선 역할을 했다.

시테섬의 서쪽에는 로마군의 주둔지와 집정관의 관사이자 병영과 재판소의 법정이 자리 잡았고, 동쪽에는 신전이 있었다. 시테섬 강둑의 높은 부분에는 주로 로마인들이 살고, 섬의 낮은 곳에는 켈트족들이 모여 살았다. 많은 켈트족이 자신들의 양식인 초가집을 포기하고 로마 양식을 따라했기에 집은 더욱 튼튼하고 화려해졌다. 로마인의 거주지인 높은 지역과 켈트족의 거주지인 낮은 지역의 풍경이 점점 비슷해졌다.

도시가 활성화되면서 많은 사람이 생활하기에 섬은 너무 좁았다. 사람들은 강의 남쪽으로 생활터전을 확장했다. 신전과 궁전으로 복잡한 시테섬을 지나 작은 다리(petit pont)를 지나면, 클뤼니 공중목욕탕이 보이고, 더 멀리 원형경기장도 보인다. 당시 공중목욕탕은 클뤼니에만 있지는 않았다. 포룸 주변에도 몇 군데 있었다. 주거지는 강에서 멀리 떨어진 왼쪽 비탈에 새로 형성되었는데, 홍수로 강이 자주 범람했기 때문이다.

대로변에는 공공건물과 개인 소유 건물이 줄지어 있는데, 개

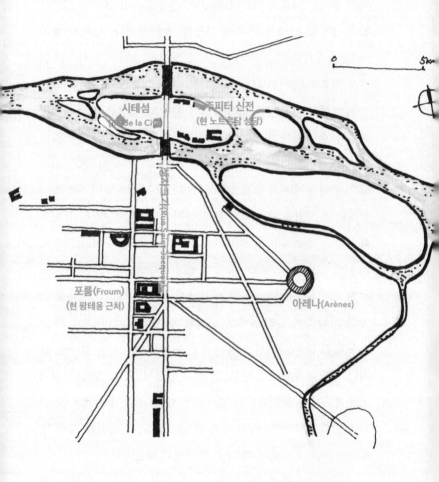

인 소유의 건물은 높이가 도로 너비의 두 배를 넘지 못하고, 대로를 향해 있는 건물의 소유자는 지나다니는 사람들의 편의를 위해 보도를 만들어야 한다는 법령이 있었다. 이 법령 덕분에 길은 다니기에 쾌적했다. 건물들 사이에 직사각형의 큰 광장이 있는데 바로 포룸(Forum)이다. 포룸은 도시의 심장과 같은 곳으로 수도 로마는 물론, 로마가 정복한 지역에 세운 도시의 중심에는 반드시 포룸이 있었다. 포룸은 정치와 행정의 중심이자 종교, 상업의 중심지이다. 직사각형 모양의 광장은 2층 높이의 열주식 회랑이 감싸듯이 에워싸고 있으며, 광장 한쪽 끝에는 신전이 있다. 신전에는 로마의 신들 중 가장 중요한 세 명의 신, 주피터, 주노, 미네르바를 모셨다.

포룸의 신전과 패키지처럼 만들어지는 건물이 '바실리카'이다. 바실리카는 일종의 종합 시민공간으로 시민들의 만남의 장소이자 재판 공간이었다. 재판은 누구나 자유롭게 방청할 수 있다. 로마인은 물론 속주민도 로마식 재판을 받았다. 법정이 열리지 않는 날에 이곳은 만남의 장소가 되었다. 신전이 있는 포룸이 신권과 황제의 권력을 상징한다면, 바실리카는 시민의 권력의 상징이라 볼 수 있다. 신전 반대편에는 평의회와 각종 행정기관이 자리했다.

사람들은 포룸에 가서 시장도 보고, 공고문도 읽고, 떠들썩한 재판을 통해 도시에서 무슨 일이 일어나고 있는지 알 수 있었다. 신에게 가족의 안녕을 기원하는 기도를 하러 가기도 하

뤼테시아 파리시오움(Lutetia Parisiorum)

2세기경 파리시 전경. 진하게 칠한 부분이 포룸이다.

고, 분쟁이 생기면 바실리카에서 힘이 아닌 법으로 해결했다. 시의원들은 이곳에서 회의하고, 결정하고 공표하기도 했다. 많은 사람이 모여 살다보면 크고 작은 문제가 끊이지 않는다. 그때마다 사람들은 포룸에서 함께 이야기하며 문제를 해결했다.

포룸 아래층 광장의 긴 갤러리에는 올리브유, 방향제, 장식품을 파는 가게가 도로를 향해 있고, 포룸 한모퉁이에는 사설 학원 형식의 학교가 있다. 가끔 법정에서 큰 사건으로 구경꾼이 많은 경우, 학교 수업을 외부에서 하기도 했다. 이처럼 포룸은 도시생활의 중심지로 어른 아이 할 것 없이 하루에 한 번쯤은 가게 되는 곳이었다. 로마식 포룸 구성이 흥미로운 점은 '실리 추구형'이라는 점이다. 신의 영역과 사람의 일상 영역, 심지어 시장까지 한 건물 안에 있다.

실제로 이렇게 순수한 기능을 가진 포룸은 로마보다 속주 도시에서 더 잘 나타난다. 황제들은 자신의 권위를 상징한다는 명목으로 너도나도 포룸을 만들었다. 그 결과 로마 시내에는 포룸 여러 개가 묶여서 거의 군집을 이루었다. 포룸 로마노 옆으로 카이사르, 아우구스투스, 네르바, 트라야누스 등 최고 권력자의 이름으로 포룸이 연이어 만들어졌다.

로마는 그리스를 많이 답습해 '로마화'했기에 둘을 자연스레 비교하게 된다. 그리스 방식은 신과 인간의 거처를 구별한데 비해, 로마식은 신의 영역과 인간의 영역이 가까이 있다. 바쁜 도시 생활에서 가족의 안녕을 구할 신전을 멀리 두지 않고 주요 생활시설과 함께 두어 언제든 참배할 수 있게 했다.

첫 번째 도로를 중심으로 본 파리

갈로 로만 도시가 시작한 시테섬에서부터 첫 번째 도로를 찾아 걸어보자.

시테섬은 땅의 역사가 긴 만큼 유서 깊은 건물도 많고 이야 깃거리도 풍부하다. 노트르담 성당과 마리 앙투아네트가 투옥 되었던 콩시에르주리, 영화 〈퐁네프의 연인들〉의 배경으로 나온 건물 대부분이 이곳에 몰려있다.

지하철 시테역에서 내리면, 노트르담 대성당보다 먼저 눈에 보이는 것은 1층짜리 가건물이 줄지어 있는 풍경이다. 19세기부터 있던 시테섬의 꽃시장이다. 겉에서 보기에는 낡고 허름하다. 서울의 양재동 꽃시장과 비교하면 '너무 작은데!' 하는 생각이 들지만, 아기자기함이 이 시장의 특징이라고 할 수 있다. 이 작은 광장은 다채로운 색상의 꽃뿐 아니라 작은 새장이나 동화 속 난쟁이 모양의 특이한 정원 용품 그리고 새소리로 가득하다. 방문 시기에 따라 특별한 장식품도 볼 수 있다. 부활절 즈음에는 다양하게 꾸민 계란과 토끼 소품을, 크리스마스에는 트리에 어울릴 만한 소품을 볼 수 있다. 도시 한가운데 있는 비밀의 정원 같은 공간이다. 여기저기에서 들려오는 다양한 소리를 들으

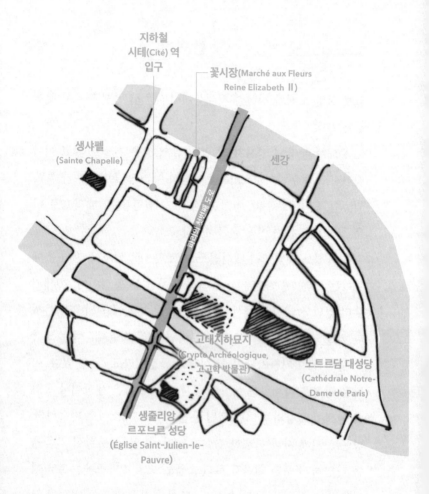

지하철
시테(Cité) 역
입구

꽃시장(Marché aux Fleurs
Reine Elizabeth Ⅱ)

생샤펠
(Sainte Chapelle)

센강

파리지엔거리

고대지하묘지
(Crypte Archéologique,
고고학 박물관)

노트르담 대성당
(Cathédrale Notre-
Dame de Paris)

생줄리앙
르포브르 성당
(Église Saint-Julien-le-
Pauvre)

며, 이것저것 소품을 구경하고 있으면 다른 세상에 들어온 것처럼 느껴진다.

이 꽃시장 앞의 길이 시테 거리(rue de la Cité)인데 이 길이 바로 파리에서 가장 오래된 길로 2000년 전부터 있었던 길이다. 이 길에서 남쪽을 바라본 모습이 2세기경의 파리 모습(92~93쪽)이다. 길 왼쪽, 지금 노트르담 대성당이 있는 자리에는 그 옛날, 켈트족의 신을 모시는 사원이 있었다. 이 사원은 풍요의 신 케르눈노스(Cernunnos), 종족을 보호하는 스메르티오스(Smertrios), 우주를 창조하는 에수스(Esus) 신을 모셨다. 켈트족은 자신들이 모시는 신전 주변에 모여 살았다. 로마인들이 들어오면서 신전도 커지는데 로마의 신들도 함께 모셨기 때문이다. 로마인 특유의 융합 성격은 신의 세계에서도 똑같아 켈트족의 신들을 위한 곳이 어느 정도 시간이 지나고 나서 자연스럽게 주피터 신전이 되었다.

시테 거리를 따라 남쪽으로 내려와 노트르담 광장으로 들어가기 바로 전, 사철나무 같은 키 작은 화단과 사람이 앉아서 쉴 수 있는 긴 돌 벤치가 보인다. 도로와 돌 벤치 사이에 지하로 내려가는 계단이 있는데, 바로 고고학박물관 입구이다. 공식 명칭은 노트르담 광장 고대지하묘지(Crypte Archéologique de l'Île de la Cité).

이곳에는 앞서 이야기한 공중목욕탕 유적이 있어서 하이퍼코스트의 흔적을 직접 볼 수 있다. 갈로 로만시대의 센강 항구의 부두 벽, 4세기의 벽들과 중세 주택의 기초 등 건축에서 보기 힘든 부분을 발견할 수 있다. 이곳은 파리시가 지하주차장 건설을 하면서 발견한 곳으로 역사적 중요성을 인정 받아 남아 있는 형태를 그대로 보존하고 있다. 우리나라에 이화여대 ECC를 설계하여 친숙한 건축가 도미니크 페로가 지나가는 모든 사람이 유적을 볼 수 있도록 노트르담 광장의 바닥을 유리바닥으로 만들어 지하유적의 존재를 드러내자고 제안했지만 거부당했다.

박물관을 나와 시테섬 건너 생자크 거리(Rue Saint-Jacques)를 따라 내려가보자. 팡테옹 근처의 수플로 거리(Rue Soufflot) 교차점이 그 옛날 파리 포룸이 있던 장소이다. 현재 도시에서 그 모습은 찾을 수 없다. 당시 로마제국이 각 식민도시로 퍼트린 포룸의 표준형은 가로 89m, 세로 178m 정도 되는 긴 직사각형의 건물이었으니, 지금 도시에 대충 얹어봐도 두 블록은 너끈히 넘는 크기이다. 현재는 그 흔적을 찾을 수 없지만 당시 파리에서 가장 높은 주느비에브 언덕에 세워졌으니, 팡테옹 맞은 편에서 좀 높은 지역을 만나면, '내가 지금 포룸에 있구나!'라고 생각해도 될 듯하다.

파리의 첫 번째 도로 위에 서 있으니 당시의 도로 구조를 알아보자.

식민도시로 이르는 길은 로마의 고속도로라 불리는 아피아 가도 만큼은 아니지만, 지금도 사용할 수 있을 만큼 튼튼했다. 그런데, 로마인들은 왜 도로를 그렇게 열심히 만들었을까? 물자 운송을 생각한다면, 육로보다는 해로가 당시에는 더 빨랐을 텐데. 이유는 군대에 있다. 로마군의 주 전력인 군단병은 로마시민권 소유자만 될 수 있었다. 로마시민은 제국의 안전을 책임지지만 동시에 유권자이기도 했다. 강력한 군대는 정치가들에게는 불안의 요소이다. 아무리 충성스러운 군대라 하더라도 한순간에 배신을 하고 군대를 돌려 로마로 올 수 있기 때문이다. 그래서 전쟁이나 군사훈련 외에 남는 시간은 도로와 도시를 건설하는 것이 로마시민의 고귀한 임무가 되도록 했다. 커져가는 로마제국의 기초 닦는 것을 군대만이 할 수 있는 특권처럼 만들었다. 로마의 군대는 도로와 다리, 성벽을 계획하고 설계하고 감독했다. 덕분에 군인들은 본국으로 돌아갈 때 잘 닦은 도로를 지나 빨리 돌아갈 수 있었다. 이 도로는 물자수송로가 되어 로마제국 번성의 기초가 되었다.

로마제국 당시, 토목공학은 군사공학(공병학)과 동의어였다. 로마군은 진지를 구축하는 것처럼 작은 도시를 만드는 일에 실력이 뛰어났다. 장군들은 감리이자 현장소장 역할을 했으며, 군인들은 공사장의 인부처럼, 손발이 척척 맞았다.

당시 로마에서 건축가가 되는 길은 세 가지가 있었다고 한다. 자유학예(liberal arts)를 배우고 나서 유명한 장인 밑에서 경력을 쌓는 방법과 군대에서 기초공학, 시공 훈련을 받으며 요새 구축의 지식과 포술에 대해 실전 경험을 쌓고 퇴역을 하면 실무를 더 할 수도 있고 그렇지 않을 수도 있었다. 그리고 로마제국의 관리로서 건축가가 되기도 했다. 로마가 지배한 모든 도시에서 등장한 공공건물은 거의 비슷했다. 건축가의 고향이나 출신민족과 관계없이 같은 시기에 건설된 로마의 욕장과 양식, 구조, 기능은 모두가 닮았다.

고대 로마의 건축가 중 비교적 유명한 사람이 있다. 비트루비우스! 건축 전공자들의 고전인 《건축 십서》를 썼다. 이 책을 처음 도서관에서 보았을 때, 책 표지와 목차를 쭉 훑고는 '음! 멋진 분이군!' 하며 더 이상 책을 펼쳐보지 않았다. 그렇게 팔랑거리며 대충 책장을 넘겼는데 파리에서 다시 찾아 읽을 줄은 몰랐다. 비트루비우스는 상당한 군사 기술자로 오랫 동안 군에서 경력을 쌓았고 마침내 황제에게 발탁되었다. 《건축 십서》는 기원전 31년 이후 세상이 좀 평화로워졌을 때 발표했는데, 이론과 함께 건축과 법칙의 체계, 건설 기술, 수력공학, 점성술, 군사기기 등 여러 기구 제작에 관한 내용까지 책에 담았다. 그의 경력과 경험을 생각해 본다면, 비트루비우스는 건축을 기본으로 공학과 엔지니어링에 더 관심을 두지 않았을까 한다.

로마시대의 도로

유럽 여러 도시에 로마시대에 만든 도로가 지금도 많이 남아 있다. 그리고 지금도 사용되는 곳이 많다. 그럴 때마다 도대체 어떻게 만들었기에 지금까지 보수하면서 사용할 수 있다는 것인지 감탄하게 된다.

로마제국 번성의 든든한 바탕인 도로에는 '가도 주변 나무금지' 원칙이 있었다. 도로 주변에 나무를 심지 않는 현실적인 두 가지 이유가 있었다. 하나는 유지 보수 측면. 나무의 뿌리가 지하로 뻗으면 도로 부분의 지하를 조금씩 침식시킨다. 나무 뿌리의 성장으로 인해 도로에 깐 돌들이 들고 일어나거나 움푹 꺼지기도 한다. 나무의 생장은 우리가 생각하는 것보다 더 은밀하고 빠르게 진행된다. 그러기에 도로의 평탄화를 망가뜨리는 원인 자체를 제거하려는 것이고, 다른 하나는 안전상의 이유였다. 여행객이나 상인을 덮치는 도적떼가 나무 뒤에 숨어 있지 못하게 하려는 것이었다.

로마시내의 내부도로는 시민의 생활을 고려해 세심하게 계획되었다. 도로 가운데 부분은 살짝 높게 만들고 도로 양 옆에는 배수로를 만들어 빗물이 양쪽 도랑으로 잘 흘러 들어가게 했다. 배수로는 물이 길 바깥으로 빠져나갈 수 있게 군데군데 구멍을 뚫어 도로가 물이 잠기는 것을 방지했다. 안전을 고려해 수레나 마차의 운행은 법으로 엄격하게 통제했다. 낮에는 건축자재 운반용 이외에 모든 수레와 마차의 통행을 금지했고, 밤이나 새벽에만 운행할 수 있었다. 길 위를 달리는 말과 마차는 소음이 심하기에 도로는 일방통행이나 막다른 골목으로 설치해 교통량을 줄였고 돌을 깔아 수레의 속도를 제한했다. 도로 양

1 측량사들이 말뚝으로
   도로를 표시하고
   도로 양옆으로 1~2m
   정도의 도랑을 판다.

2 도랑 앞에 연석을
   세우고 연석 사이에
   더 깊은 고랑을 판다.

3 먼저 모래를 넣고 롤러로 다진 뒤 잡석을 깔고
   다진다(Statumen). 그리고 그 위에 돌과 자갈, 점토를
   섞어 깔고(Rudus) 그 위에 잘게 부순 돌멩이를 완만한
   아치형으로 채워 넣는다(Nucleus). 마지막으로 접합면이
   들어맞도록 70cm 안팎으로 자른 마름돌을 빈틈없이
   깔았다(Pavimentum).

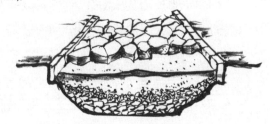

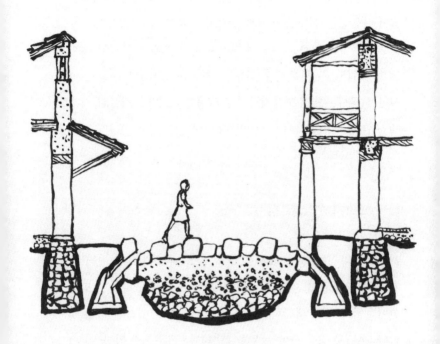

하수관은 원래 빗물에 대비해 인도 옆에 만드는데
점차 크기가 커져 사람이 다닐 수 있는 터널처럼 되었다.
사람이 들어가지 못하도록 쇠창살을 설치했다.

쪽의 인도는 도로보다 15cm 높게 만들어, 마차나 수레가 인도로 굴러 들어가는 사고를 방지했다. 비가 내리면 도로의 물은 도랑을 타고 인도 밑 하수구로 흘러들었고, 도로에는 디딤돌이 있어 사람들은 신발을 적시지 않고도 길을 다닐 수 있었다.

로마시대의 도로는 시공 원칙에 따라 기초가 튼튼하고 배수도 원활했고 추후 유지 관리를 고려해 시공했기에 수천 년이 지난 지금까지도 유지관리하면서 사용할 수 있다. 기본과 기초에 대한 중요성을 다시금 생각하게 한다.

로마시대의 수도 체계

2세기의 파리 풍경을 묘사한 그림 왼쪽 아래에 아치 여러 개가 연속 구성된 긴 다리가 있다. 도시에 물을 공급하는 수도시설이다. 요즘으로 생각하면 '수도사업소'쯤으로 생각하면 될 것 같다. 수도교 교각 끝에는 물을 분배하는 저수조가 있다. 이 저수조에서 분배되는 물은 공공분수, 화장실, 대형 목욕탕, 그리고 부잣집으로 간다. 어떤 책에서 당시 수도관을 납으로 만들어 많은 로마인이 납중독으로 인한 통풍으로 고생했다고 했는데 사실이 아니라는 주장이 최근에 등장했다. 납을 수도관으로 사용한 구간은 수도교에서 공동수조까지 짧은 거리에 불과하며, 유럽의 물 특성상 석회질이 많아 납관 내부에 석회질이 코

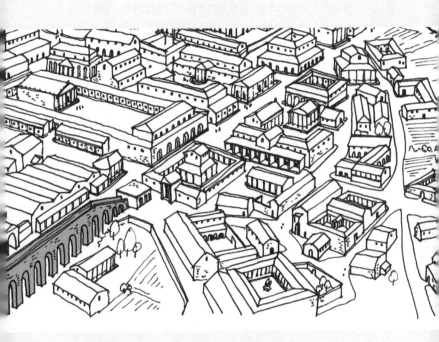

저수지 한쪽 벽 끝에는 수문을 여러 개 두었다. 물이
부족할 때는 부유한 가문의 저택과 연결된 수문을
먼저 닫았다. 경우에 따라서 목욕탕과 화장실로 연결된
수문을 막기도 했다. 이처럼 상황에 따라 수문을 열고
닫는 방식으로 식수가 마르지 않게 했다.

팅되듯이 쌓여 납 성분이 거의 포함되지 않았다고 한다.

당시 사람들은 저수조의 물을 직접 마셨을 것 같지만, 식수는 보통 끓여서 식히거나 따뜻한 상태로 사용했다. 물에 식초를 섞어 포스카(posca)라는 음료를 만들어 마시기도 했다고 한다. 레스토랑에서 물에 레몬 슬라이스를 넣어 주는 것과 비슷한 맛이지 않을까. 깨끗한 물의 공급은 당시 사람들의 수명 연장과 건강한 삶에 크게 이바지했다. 로마시대에는 수인성 전염병은 거의 걸리지 않았다고 한다. 중세에 일어난 여러 위생에 대한 사건과 비교해 보면, 깨끗한 물이 얼마나 많은 이의 목숨을 살리는 것인지 다시 한 번 생각하게 된다.

그런데 도심에서 멀리 떨어져 있는 곳에 저수지를 만들고 물을 어떻게 도시까지 공급했을까? 물을 안정적으로 공급하기 위해서는 일정한 경사를 유지하는 긴 파이프 수로가 필요할 텐데 중간에 산도 있고, 언덕도 있고, 구릉도 있는데 어떻게 이들을 통과하며 일정한 경사를 가지게 한다는 것인지 궁금해졌다. 엄청난 비밀이 있는 것 같지만 해법은 단순했다. 다만 탁월한 토목 기술력이 있었기에 가능한 것이었다. 지형을 따라 수로를 만들고, 계곡에는 다리를 놓았다. 기술의 핵심은 중력에 있었다.

측량사가 수준기로 전체 도수관과 수평을 이루는 가상의 선을 그리고, 그 가상의 선 위에 1.2m 간격으로 지면과 이 가상의 선과 직각이 되는 지점에 점을 찍는다. 이 점들을 하나로 이어 선으로 연결한다. 이러한 방법으로 도수관을 그리면, 도수관을

묻을 위치와 땅위로 올라올 지점들을 한눈에 볼 수 있다. 물을 낮은 지점에서 위로 올릴 때에도 이 경사도를 이용했다. 경사도를 완만하게 유지하며 물이 떨어지는 힘을 수압보다 더 작게 만들면, 물은 밀려 올려갔다. 낙차와 수압조절을 위한 기술이 실현되기 위해 아치와 시멘트가 큰 역할을 했다.

수도교 통로 속에는 배관 파이프가 있다. 적이 독극물을 타거나 불순물이 섞이는 것을 방지하기 위해, 지면으로부터 15m 높은 곳에 설치하고 덮개를 씌워 항상 맑은 물이 흐를 수 있도록 했다. 이 맑은 물은 도시의 높은 언덕에 있는 급수탱크로 들어온다. 그곳에서 도시로 흐르는 물을 저장하고 통제했다. 물은 시민과 공중목욕탕, 개인 저택으로 나누어 공급되었다. 가뭄이 들어 물이 부족해지면, 제일 먼저 부자들의 개인용 수로를 끊고, 그 다음은 공중목욕탕이다. 시민들이 식수로 사용하는 공공수도는 마지막까지 흘렀으며, 누구나 자유롭게 이용하고 온종일 물이 흘렀다. 이것을 '수도교'라 불렀다.

파리로 들어오는 수도교는 파리 외곽 동네인 카샹(cachan)에 일부 남아 있다. 로마가 사라지고, 수백 년이 흐른 뒤 뤽상부르그 공원에 물을 어떻게 공급할 것인가를 고민했는데 당시 엔지니어들이 제안한 것이 "갈로 로만 수도교를 이용하자."였다고 한다.

마리안느

마리안느

프랑스의 공식 문서나 관공서 서류의 위쪽에는 그림이 하나 있다. 프랑스 국기의 색인 빨강과 파랑 사이에 있는 긴 머리카락을 휘날리는 흰색으로 그린 여성의 모습. 물론 그냥 넘길 수도 있지만, 국기와 겹쳐 있는 여인상이라니 필시 대단한 의미가 있을 것 같다는 생각을 했다.

프랑스에서 지내면서 프랑스 이 도시 저 도시를 여행하며 그 도시의 전경이 있는 엽서를 골라 부모님이나 친구들에게 보내곤 했다. 어느날 엽서를 받은 한 친구가 "이 우표 그림은 뭐야?"라고 물었다. 질문을 받고나니 궁금해졌다. 관공서에서 온 종이에도 그 여성의 그림이 있었다는 것을 인지했다.

그림의 정체는 '마리안느(Marianne)'라는 프랑스공화국을 의인화한 캐릭터이다. 그런데 왜 긴 머리 여성일까.

머리 위에 무언가를 쓰고 있는데, 스머프 모자처럼 보였다. 이 모자는 '프리기아 모자'라고 하는데 튀르키예의 프리지아(Phrygia)에서 유래했다. 고대 로마시대 노예가 해방되어 자유민의 신분을 얻게 되면 이 모자를 썼기에 자유의 상징이 되었다고 한다.

들라크루아의 〈민중을 이끄는 자유의 여신〉의 자유의 여신도 붉은색 프리기아 모자를 쓰고 있다. 중앙에는 시체들 사이에 삼색기를 들고 앞장 선 자유의 여신이 있고 오른쪽에는 귀족과 시민 군중이, 왼쪽에는 양손에 총을 들고 진격하는 아이가 있다. 프랑스혁명 당시의 생생한 모습을 표현한 그림이다. 〈민중을 이끄는 자유의 여신〉은 전단지에 실린 "1830년 7월의 알려지지 않은 사건"이라는 글을 보고 그린 들라크루아의 상상화이다. 그림 왼쪽 실크 모자를 쓰고 양손에 총을 움켜쥔 사람이 화가 자신이다. 실제로 총을 들고 시가전에 참여하지는 않았지만, 그림으로나마 투쟁하는 전사로서 자신의 모습을 투영한 것이다.

여성이 프랑스의 상징이 된 것에 대한 의견이 분분하다. 여성과 남성, 성 구분이 있는 프랑스어로 프랑스는 여성명사이니 공화국의 상징도 여성이라는 설이 있다. 또 다른 의견은 반혁명주의자들의 의견이라고 한다. 어중이떠중이가 모여 이루어진 공화국에 대한 조소를 담았다는 것이다. 어쨌든 프랑스의 상징, 마리안느는 왕정과 공화정이 교차하면서 사라졌다가 1870년 이후 완전히 정착해 자유의 상징으로 통용되었다.

마리안느라는 이름은 프랑스에서 가장 흔한 남성 이름이 자크인 것처럼 그저 흔한 여성 이름이다. 유럽인들은 대개 이름을 성서에서 가져온다. 노트르담 대성당의 서쪽에는 세 개의 문이 있는데, 좌측에는 성모마리아, 중앙에는 예수, 우측엔 성 안나가 있다. 성 안나는 성모마리아의 어머니이고, 성모마리아는 예수의 어머니이다. 예수의 어머니와 할머니의 이름을 합하면 '마리안느(Maria-Anne)'가 된다.

프랑스 상징을 두고 마리안느와 대적하는 여성이 한 명 더 있다. 잔 다르크이다. 재미있는 것은 진보파의 상징은 '마리안느'이고, 프랑스 왕국과 카톨릭 성당을 상징하는 '잔 다르크'는 보수파를 상징하기도 한다. 그렇다면 잔 다르크처럼 마리안느도 역사적으로 실존했던 인물일까? 그것이 궁금했다.

주느비에브

아주 오래전부터 파리에는 수호 성인이 있었다.

257년 생드니라는 성인의 순교를 계기로 파리에서 기독교가 자리를 잡기 시작했다. 훈족이 침입한 451년에 이미 파리에는 많은 성인 신화가 존재했다. 잘린 목을 들고 걸었다는 생드니, 빈자들의 친구이자 나병 환자들을 치유했다던 생마르탱, 파리 늪지대의 괴물을 물리쳤다는 생마르셀…. 파리를 구한 성인이 넘쳐나고 있었다. 성당은 기상천외한 성인 이야기로 파리 사람들을 기독교도로 만들었다. 이런 신화적 맥락의 첫 번째 여주인공이 주느비에브이다.

로마와 같은 강력한 집권국가가 쇠퇴하면 그 자리를 노리는 침략이 시작된다. 특히 춥고 척박한 땅에서 사는 북쪽 사람들에게 로마가 세운 안정된 도시는 정복하고 싶은 도시였을 것이다. 여러 이민족 가운데 가장 공포의 대상은 훈족이었다. 얼굴은 괴물 같으며, 날고기를 먹고, 닥치는 대로 죽이고 약탈한다는 훈족에 대한 소문은 공포자체였다. 어느날 그런 무시무시한 훈족이 파리를 침략한다는 소문이 돌기 시작했다. 사람들은 패닉에 빠지고, 도망이 최선이라 생각할 때, 젊은 한 여인이 기도를 드리자고 한다. 전쟁 대비책이 기도라니! 화가 난 군중은 그를 우물로 던져버리자고 했다. 하지만 당시 부주교는 그가 신의 선택을 받은 사람이라며 군중을 설득한다.

주느비에브! 주느비에브는 갈로 로만 귀족의 외동딸로 아버지로부터 시의원 지위와 많은 유산을 물려받았지만 16살부터 금욕적이고 독실한 기독교 신자로 살았다고 한다. 이후 부모님이 돌아가시자 동정녀로 살 것을 서약하고 파리로 이주해 적극적으로 목회활동을 했다. 사람들은 주느비에브를 중심으로 빠르게 수비 병력을 조직하고 무장한다. 침략할 수 없도록 센강의 다리를 파괴하거나 장애물을 설치하고, 훈족을 기다렸다. 그런데 이게 웬일?! 침략에 대비해 만반의 준비를 했는데, 전투는 없었다. 사실 훈족은 다른 정치적인 이유로 오를레앙으로 방향을 틀었고, 그 속내를 모르는 파리 시민들은 기적이 일어났다고 믿을 수밖에 없었다. 주느비에브(Sainte Geneviève)는 그렇게 첫 번째 신화의 주인공이 되었다.

얼마 지나지 않아 이번에는 게르만인이 침입한다. 로마제국 시대에 지금의 독일에 해당하는 게르만 지역은 크게 둘로 구분되었다. 서쪽의 라인강을 따라 자리한 갈리아 접경지역은 로마의 속주로 편입되었고, 동쪽지역의 게르만인들은 로마를 멸망시키는 주역으로 성장한다. 그들은 로마로부터 배운 문명화된 전투력을 기반으로 하루아침에 알프스 이북의 강자로 떠올랐다. 그들은 영토를 넓혀 마침내 파리에 다다랐다. 하지만 그들에게 파리는 계륵과 같은 장소였다. 만일 그들이 파리를 점령한다면, 아직은 세력이 남아 있는 서로마에게 전쟁을 선포하는 격이었다. 파리를 침략한 프랑크족은 파리에 입성하지도 못하고, 다른 적이 파리를 차지할 수 없도록 어정쩡한 봉쇄로 위협만 하고 있었다. 이들이 이후 프랑스의 첫 번째 왕가를 이룬다.

10년간 지속된 봉쇄 상황으로 시민들은 굶주림에 시달려야 했다. 시테섬에 좋은 경작지가 있다 하더라도 한계가 있었다. 이때 또 다시 주느비에브가 등장한다. 주느비에브의 두 번째 신화가 만들어지는 순간이다. 그는 11척의 배를 무장시켜 샹파뉴 지방으로 밀을 구하기 위해 나선다. 배가 지나는 강에서 악취를 풍기는 괴물이 나타나 주느비에브가 도끼를 휘둘러 괴물을 물리쳤다고 했지만, 그 괴물의 실체는 오랫동안 물에 떠다니던 나무덩어리였다. 이처럼 신화에는 적당한 과장과 그럴싸한 허풍이 필요하다. 괴물을 물리친 주느비에브는 무사히 밀을 가져와 파리 사람들에게 나눠주었다. 그는 가마도 땔감도 없는 극빈층에게는 직접 빵을 구워 주었다. 당시 파리를 봉쇄하고 있던 군인들은 주느비에브 일행의 움직임을 알고도 못 본 척했다. 그들역시 파리라는 도시를 원한 것이지 시민들을 죽음으로 몰아넣을 생각은 없었을 것이고, 그들도 10년간의 긴 싸움에 지치지 않았을까 하는 생각이 든다. 파리를 봉쇄하던 게르만족 아버지인 실데릭은 파리를 얻지 못한 채 게르만 전사들의 낙원인 발할라에 묻혔다. 아버지의 자리를 물려받은 아들 클로비스가 마침내 파리를 굴복시킨다.

프랑크왕국을 세운 클로비스는 전쟁의 귀재였다. 지금의 벨기에를 수도로 삼고 현재의 독일 라인란트팔츠, 프랑스 부르고뉴, 노르망디를 연결하는 커다란 원 형태의 영토를 차지했다.

잠깐 당시 주변 정세를 보자. 로마가 멸망한 이후 라인강 일대에서는 클로비스의 프랑크 왕국이, 현재 프랑스 서부와 스페인 일대에서는 서고트 왕국이, 이탈리아 북부에서는 동고트 왕국이 번성했다.

신화를 현실로 만든 성당

주느비에브의 흔적은 어디에 있을까? 파리 팡테옹 근처 학교 길이라는 에꼴르 거리(Rue des Écoles)에서 갈라진 라몽타뉴 생주느비에브 거리(Rue de la Montagne Sainte Geneviève)라는 경사로가 있다. 바로 이 길이 주느비에브가 파리의 안녕을 기도하며 걸었다는 길이다. 그 길 교차로에서 오른쪽으로 돌면 좀 복잡해 보이는 화려한 성당이 나오는데 그 성당이 바로 주느비에브를 기린

12세기 당시 생주느비에브 수도원일 때의 모습
현 생테티엔뒤몽 성당

앙리 4세 고등학교
(Lycée Henri-IV)

생테티엔뒤몽 성당
(Église Saint-Étienne-
du-Mont)

칠한 부분이 없어지고
길이 되었다.

생테티엔뒤몽 성당(Eglise Saint-Étienne-du-Mont)이다.

성당 외관은 한눈에도 상당히 복잡해 보인다. 우디 앨런의 영화 〈미드나잇 인 파리〉에서 주인공 소설가가 우연히 시간 여행을 하게 되는 장소가 바로 이 성당이다. 우디 앨런 감독이 이곳을 시간 탐험 무대로 삼은 것도 과거부터 현재까지 시대를 대변해 보여줄 수 있는 건물이기 때문이 아닐까 생각한다. 삼각형 페디먼트 위 작은 장미창, 그 위에 올라가 있는 반원형의 장식과 높이 솟은 삼각형 지붕, 그 뒤에 있는 중세 망루처럼 보이는 타워, 현대적이지도 아주 고전적이지도 않은 시계와 탑 위에 얹어진 청동 돔…. 이런저런 건축양식이 한데 섞여 있다. 이런 곳이라면 주인공이 시간 여행을 떠나는 1920년대뿐 아니라 그 어느 시대라 해도 문제되지 않을 만한 건물이다.

생테티엔뒤몽 성당은 12세기 당시에는 수도원이었는데, 15세기와 17세기에 증축되어 지금과 같은 모습을 가지게 되었다. 증축 당시 유럽을 휩쓸던 양식인 프랑스 고딕과 이탈리안 르네상스 스타일은 물론 현대 양식까지 그대로 반영되어 지금의 복잡한 모습을 가지게 된 것이다. 건축은 시대를 반영한다는 말이 있는데, 이 말을 증명이라도 하는 것처럼 당시 상황이 고스란히 드러나 있다.

입구가 있는 정면은 이탈리안 르네상스의 흔적이 강하다. 벽면 부조가 새겨진 페디먼트와 기둥, 원형 아치는 일부 변형되었지만 고전주의적 건축언어가 뚜렷하게 보인다. 성당을 돌아 측면

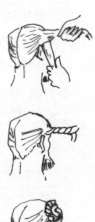

게르만전사의
머리 땋기

을 보면 부벽을 받쳐주는 플라잉 버트레스가 촘촘히 설치되어 있는데, 이는 고딕건축 양식이다. 이렇게 다양한 양식이 나타나는 것은 중세와 르네상스의 과도기이기도 하겠지만 전면과 측면의 불일치는 프랑스에서 르네상스를 피상적인 장식으로 받아들였기 때문일 것이다. 현대인의 시선에서는 다양한 시대의 조합을 볼 수 있는 건물이지만, 고딕 건축의 장인과 르네상스 예술가가 봤다면 둘 다 미간을 찌푸릴 수 있겠다는 생각이 든다. 하지만 그로 인해 우리는 그 당시의 생각을 더 잘 알 수 있게 되었다.

프랑스의 초기 르네상스는 지나친 양식의 혼용과 장식성으로 르네상스 자체의 의미를 퇴색시켰다는 평가를 받지만, 어쨌든 르네상스 양식은 이탈리아의 것이다. 이후 프랑스에서는 프랑스만의 '르네상스 고전주의'가 확립된다. 루브르 궁전에서 그 모습을 볼 수 있다.

사실 나는 앞서 로마 도시계획에서도 그랬지만 잿밥에 관심이 많은 편이라 건축양식보다는 주느비에브가 궁금해서 이 성당을 찾았다. 주느비에브를 어떻게 묘사했는지 궁금했다. 성당 정문 오른쪽에 머리를 길게 땋아 늘어뜨린 모습의 조각이 있는데 바로 주느비에브이다. 발 아래에는 어린 양이 다소곳하게 앉아있다. 조각과 그림에는 숨겨진 언어가 많아 그것을 찾아보는 것도 매우 재미있다. 이 성당에서 주느비에브는 긴 머리를 땋아 내린 모습이다. 긴 머리를 땋은 것이 뭐 특별하냐 생각할 수도 있지만, 이렇게 땋은 머리는 게르만족의 전사를 상징하기도 한다. 게르만 풍속에 의하면 머리가 긴 자만이 전사를 이끌 자격이 있다고 한다. 주느비에브는 파리 시민을 도와 파리를 지켜낸 전사와 같은 인물이니 전사의 상징인 땋은 머리로 조각하지 않았을까. 발치에 앉아 있는 양은 목회활동을 의미한다.

이 성당 외에 센강의 생루이섬 근처 투르넬 다리(Pont de la Tournelle) 위에도 주느비에브가 조각되어 있는데 성당의 조각보다 더 강인한 전사의 모습이다. 이 조각상 역시 길게 땋은 머리를 하고 있다.

성당 안은 웅장한 외관에 비해 작게 느껴진다. 외부의 플라잉 버트레스가 워낙 커서 건물이 더 커보이기 때문이다. 굉장히 큰 '어깨 뽕'을 넣은 재킷을 입은 모습이 이 성당의 외부 모습과 비슷하다는 생각이 든다.

이 성당에서 눈여겨볼 만한 것이 또 있다. 기둥 리브와 스테인드글라스! 이들의 조화를 본다면 파리에서 단연코 손꼽을 만하다. 이 성당은 파리의 다른 성당에는 없는 것이 있는데 바로 성당 정면에 화려하게 장식된 주베(jubè. 영어로는 rood screen)이다. 주베는 본당과 성가대석 사이에서 칸막이 역할을 한다. 그런데 왜 칸막이를 두었을까? 우선 공간을 나눈다는 것은 사용자를 분리하겠다는 의도가 있다. 기독교의 초기 예배의식은 단순하지만 장엄했다. 그러나 5세기가 넘어서면서 예배가 점점 복잡하고 신비로움을 강조하는 형태로 바뀌게 된다. 성체를 들어 올리거나 종을 울리고, 촛불과 향을 사용하며, 무릎을 꿇는

클로비스 탑(La Tour Clovis)

프랑스의 첫 번째 기독교 군주인
클로비스가 남긴 흔적이다.

의식이 생겨났다. 9세기부터 15세기까지 이러한 예배의식은 더욱 정교해졌다. 성당 건축 역시 양식이나 장식, 성당 내부, 모든 것이 화려하고 장엄한 모습으로 바뀌게 된다. 예배는 라틴어로 진행되었다. 중세 초기만 해도 일반인도 스스럼없이 예배에 참여할 수 있었지만 시간이 지날수록 일반 신자는 피동적이고 수동적으로 예배에 참여하게 되었다. 라틴어를 모르는 사람에게 예배란 그저 웅얼거림일 뿐이었을 것이다. 이런 예배의식의 변천과정에 나타난 결과물이 이 칸막이이다. 성직자의 영역인 성단과 예배를 위해 모이는 평신도를 분리하는 물리적이고 상징적인 장벽이었다.

평신도와 높은 제단 사이에는 시각적 장벽이 생겼고, 은폐와 계시는 중세 미사의 일부였다. 종교개혁 기간에 수많은 성당에서 이 칸막이가 철거되어, 대부분의 성당에서 사라졌는데 이 성당에만 유일하게 남아 있다. 정교하게 조각한 돌로 만들었다. 기둥을 감싸고 올라가는 부드러운 나선형 계단을 보고 있노라면, 전체적인 조형과 비례도 아름답지만 화려한 조각술이 눈에 띈다. 저 너머 제단공간에 경외심을 갖게 하려고 한 것처럼 보인다. 특히 이 성당 주베 난간의 독특한 꼬임 문양이 시선을 잡아 끈다. 게르만족의 꼬임 문양과 비슷해 보이기도 한다. 이교도적인 요소라기보다는 머리를 땋은 듯한 모양이 주느비에브에 대한 경의를 보내는 것이 아닐까 하는 생각도 든다.

주느비에브는 502년 죽는다. 생전에 몽스 루코티투스(Mons

걷다보면, 이 동네가 언덕처럼
느껴지는데 생주느비에브 언덕이다.

생주느비에브 도서관
(Bibliothèque Sainte-
Geneviève)
내부의 주철 아치가 멋지다.
20세기 초로 시간여행온
듯한 느낌을 준다.

생테티엔뒤몽 성당
(Église Saint-Étienne-
du-Mont)

클로비스 탑
(La Tour Clovis)
파리의 첫번째
기독교 군주의 흔적

팡테옹(Panthéon)
생주느비에브를 기리는 성당으로 짓기
시작했지만 프랑스혁명 이후 현충원과 같은
기능을 가진 공간으로 바뀌었다.

Lucotitus)의 생피에르 생폴 성당(Église Saint Pierre-et-Saint-Paul)에서 자주 기도를 드렸고 그곳에 묻혔다. 이후 몽스 루코티투스라는 언덕의 이름은 생주느비에브 언덕으로 바뀌어 지금까지 불리게 된다. 교회는 이 성당 옆 건물이었는데, 현재는 앙리4세 중·고등학교가 자리하고 있다. 고등학교 건물 위로 탑이 삐죽이 올라와 있는데 '클로비스 탑'이다. 생주느비에브가 시테섬을 나서며 밀을 구하러갈 때 눈을 감아준 바로 그 클로비스. 그는 카톨릭 신자인 부인에 의해 게르만 신을 버리고 세례를 받은 첫 번째 기독교 군주이며, 메로빙거 왕조의 첫 번째 왕이 된다. 최초의 기독교 왕이 세운 교회의 유일한 흔적이 고등학교 너머의 탑이다. 이 교회에 주느비에브와 클로비스 그리고 클로비스 부인까지 함께 묻혔다. 사실 클로비스는 기독교 세례를 받고 한참 후에는 다시 동방정교로 개종했다.

이 교회 옆에는 팡테옹이 있다. 주느비에브 이야기는 약 1000년이 지난 후 팡테옹에서 다시 부활한다. 1744년 병석에 있던 루이 15세가 파리의 수호성인인 주느비에브에게 기도를 하면서 "병이 나으면 주느비에브를 위한 성당을 짓겠다"고 서원을 한다. 그리고 마침내 자신의 병이 치유되자 폐허가 된 주느비에브 대수도원(Abbaye St. Geneviève) 자리에 성당을 짓고, 성당 지하에 부르봉 왕가를 위한 공동묘지를 마련하도록 지시한다. 지시를 받은 건축가는 자크 제르맹 수플로(Jacques Germain Soufflo)였는데, 그는 7년간 로마에서 고전건축을 공부하면서 브라만테의 작품에서 많은 영감을 받고 돌아왔다. 수플로는 길이가 같은 4개의 그리스 십자가 형태의 본당, 본당 위에 돔을 올리고, 주 출입구에는 고전적인 삼각형 페디먼트를 올렸다. 그런데 이 건물이 완공될 무렵, 성당건축을 의뢰했던 루이 15세가 사라지게 된다. 성당은 프랑스 혁명이 시작된 직후인 1790년에 내부 장식만 미완성인 상태로 완성되었다. 주인이 없는 성당은 새로운 시기에 새 주인을 손쉽게 찾았다. 성녀를 기리기 위해 만든 건물이 혁명과 자유를 상징하는 장소로 바뀌었다. 기존에 성당으로 만든 곳이 우리나라의 현충원 같은 공간으로 그 기능이 바뀐 것이다. 종교적인 조각은 애국적인 조각과 벽화로 바뀌었다. 앙숙이었던 볼테르와 장 자크 루소도 이곳에 함께 묻히고, 당시의 여려 혁명가와 이후 프랑스를 위해 목숨을 바친 애국지사, 프랑스의 이름을 드높인 명사들이 팡테옹 지하에서 안식을 찾았다.

팡테옹 페디먼트 하부에는 '조국이 위대한 사람들에게 사의를 표한다(AUX GRANDS HOMMES LA PATRIE RECONNAISSANTE)'고 적혀 있다. 그리고 프랑스의 국기인 삼색기가 바람에 날리고 있다. 주느비에브를 위해 짓기 시작한 성당이 마리안느를 상징하는 장소로 변한 것이다.

자유, 평등, 박애

프랑스 혁명은 1789년에 시작했지만, 거의 100년간 진행되어 1870년 제3공화국이 성립되었을 때에야 비로소 완성됐다고 생각된다. 그 사이의 나폴레옹 1세 통치, 부르봉 왕가의 복위, 7월 혁명, 루이 필리프 왕정, 2월 혁명, 나폴레옹 3세 통치, 그리고 1870년 보불전쟁의 패배는 모두 프랑스 혁명이 만든 뼈아픈 과정이다. 이 기나긴 과정과 많은 이들의 피로 만들어진 것이 바로 자유, 평등, 박애라는 프랑스의 국가 이념으로 확립되었다. 자유와 평등을 경제적 논리로만 보면 참 애매한 개념이 된다.

인류역사를 보면 상당히 오랫동안 계급사회였다. 평등하지 않았다. 현대에는 모두가 평등을 외치지만, 사람마다 외모나 신체, 지적 능력 가지고 있는 재화가 다르다. 평등하지 않다. 애초에 생김새가 다른데 어떻게 평등할까? 능력의 차이로 성과도 차이가 날 수밖에 없다. 어떤 사람은 부와 권력을 가진 기득권이 될 수 있고, 어떤 사람은 가난에 몰려 하루를 살기도 버겁게 된다. 이것은 결과이다.

하지만 여기서 말하는 평등은 결과의 평등이 아니라 기회의 평등이고, 법 앞에서의 평등이다. 그 하나의 예로 프랑스에서는 우리 수능과 비슷한 바칼로레아를 통과하면 원하는 대학에 지원할 수 있다. 자신이 원하는 학교와 전공에 따라 그 수업을 위해 따로 예비과정을 준비하는 경우도 있지만, 일반적으로 모든 학생은 자신의 집과 가까운 국립대학을 갈 수 있다. 지방의 학교와 파리의 학교가 딱히 순위가 있는 것은 아니다. 교육은 평준화이며, 각 대학마다 각기 다른 연구 특색이 있어서 그것을 위해 다른 지역으로 이동하는 경우도 있다. 국립대학은 학비가 무료이다. 기회는 모두에게 동등하게 주어진다.

다만 공부를 하지 않으면 학년을 올라가기 어렵다. 학기말, 게시된 점수를 보고 학년을 통과하지 못한 학생들은 눈물을 비치기도 한다. 열심히 했는데, 떨어질 수도 있다. 학생들에게 시간을 두고 다시 공부할 수 있는 기회를 준다. 몇 번의 기회에도 학년을 통과하지 못할 경우, 학생은 스스로 자문할 것이다! 이 전공이 나랑 맞지 않은 것 같으니 새로운 전공에서 기회를 달라고 요청할 수 있다.

프랑스 친구들 중에 재미있는 친구들이 있었다. 한 명은 법대를 다니다가 건축학교로 옮겼다. 그래서 그런지, 논리적 접근이 매우 강하고 사회적인 분석에 강했지만, 건축은 생각을 이미지화 시켜야 하다 보니 그 부분을 매우 어려워했다. 그래서 예술사를 비롯해 여러 분야를 더 많이 공부해야 했다. 또 다른 한 친구는 매 학년을 2년에 걸쳐서 통과했다. 같은 공부를 2년 동안 하다 보니 다른 사람보다 과목에 대한 이해가 깊고, 여러 상황에 상당히 유연하게 대처한다. 이 친구들을 보면서, 다시 기회를 주어 어떻게든 스스로 앞으로 나아가게 하는 시스템이 어찌 보면 사회적인 비용의 손실인 것처럼 보일 수 있지만, 그러한 기회 덕분에 다양한 경험이 쌓여 더 많은 것을 만들어내고, 결국 개인의 발전과 사회에 또 다른 자극제를 주는 것이라는 생각을 했다.

자유라는 개념도 무척 난해하다. 자본주의 사회에서 자유를 가지기 위해서는 어느 정도 경제력을 가져야 한다. 가난한 사람에게 최소한의 경제적 지원이 없으면, 자유보다는 당장의 삶을 해결을 위한 끼니가 더 중요하다. 프란체스코 교황은 최근에 '규제받지 않은 자본은 또 하나의 독재'라는 발언을 하여 특히 미국의 보수파로부터 비난을 받았고, 급기야 교황이 '나는 마르크스주의자가 아니다'라는 해명 발언까지 해야 했다. 이렇게 자유와 평등에, 경제가 개입되면 양립하기 어렵다. 하지만 여기에 '박애'라는 개념이 들어가게 되면 굉장히 유연해진다.

어린이들과 하는 건축수업에 '나의 집 만들기' 프로그램이 있다. 학생이 각자의 대지를 가지고 자유롭게 자신의 집을 구성하는 프로그램이다. 물론 설계수업이기에 가족구성원의 취향을 고려해 공간을 계획하도록 한다. 가족과 인터뷰를 하고 그 의견을 모두 반영해야 하기에 아이들이 힘들어한다. 가족이 원하는 모든 요건을 받아들여 집을 짓는 일은 결코 쉽지 않다. 마지막 시간에는 모두 함께 모여 마을을 구성한다. 마을을 구성할 때의 결과가 가장 흥미롭다. 그리고 학생들과 어떻게 하면 행복한 동네가 될지 모두의 생각을 모아 시나리오를 만들어 보고 동네에 대한 이야기를 풀어간다. 이 프로그램에 자유, 평등,

박애가 있는 것 같다. 주어진 땅의 크기가 모두 같고, 자유롭게 만들고 싶은 것을 만들 수 있다. 다만 이웃을 고려해 집을 계획하고, 내가 마을의 구성원으로서 어떤 역할을 해야 하는지 이 수업에 참여한 어린이들은 함께 토론한다.

자유와 평등은 기본적으로 개인의 문제일 수 있다. 그러나 박애라는 개념은 아이들이 이웃을 고려한 마을을 만들 듯이, 행복한 사회를 만들기 위한 전제가 된다. 아주 뛰어나 능력을 발휘하는 개인도 있지만, 그렇지 않은 개인이 모여 사회를 이룬다. 박애라는 단어는 최소한의 연민과 사랑이지 않을까.

파리의 첫 번째 성벽

서울이 파리와 다른 점 중 하나는 산이 있다는 점이다. 외국의 주요 도시에 비해 공원 녹지의 비율은 낮지만 산이 있어 그나마 숨통이 트인다. 산에 오르는 것을 좋아하지 않지만 산을 바라보고 나무의 변화를 관찰하는 것은 무척 좋아한다. 산은 깊이감이 있는 수직정원같다. 서울은 꽤나 복받은 곳이다. 서울을 둘러싼 산이 천혜의 요새 역할을 한다. 산으로 막지 못하는 구간에는 지형을 따라 성벽을 쌓았다. 한양도성은 산책 강도에 따라 구간을 선택할 수 있다. 산 타는 걸 좋아한다면 백악구간을 선택하면 되고, 어슬렁거리는 산책을 원할 경우 낙산공원 쪽을 추천한다. 낙산공원은 편안하게 산책할 수 있는 코스로 저녁 무렵에 서울 시내의 일몰을 볼 수 있어 좋다. 한양도성 산책길을 좋아하는 또 하나의 이유는 문화재를 따라 걷는다는 특별함 때문이다. 조선시대에 쌓은 오랜 성벽을 바로 옆에 두고 성벽을 따라 걸으면서 현재의 서울 전경을 한눈에 담을 수 있다. 그야말로 과거와 현재를 동시에 느낄 수 있는 산책 코스이다.

　서울과 달리 파리에는 산이 없다. 파리 시내에 몇 개의 언덕이 있긴 하지만, 산이라고 부를 만큼 높지는 않다. 한양도성처럼 적의 공격에 대비해 성벽을 쌓으려 한다면, 땅에서부터 높게 쌓아야 하니 한양도성을 쌓는 것보다 몇 배는 더 힘들었을 것이다. 그런데 파리에 성벽이 있던가? 딱히 이거다 하며 떠오르는 풍경은 없다.

갈로 로만시대에는 성벽이 없었다. 유럽의 최강자가 점령한 곳이니 굳이 성벽이 필요하지 않았다. 지형의 이점도 있었는데 몽마르트 언덕과 센강이 최후의 보루였던 셈이다. 그러나 그들이 서서히 힘을 잃어갈 때 파리를 차지하겠다는 수많은 세력이 들고 일어났다. 그리고 파리에 살던 이들은 자신을 지키기 위해 성벽을 쌓기 시작한다. 파리의 첫 번째 성벽을 찾아가 보자.

필리프 오귀스트의 성벽

파리는 로마의 변방이었다. 로마의 힘이 약해지면서 산적과 탈영병, 도망친 노예들이 약탈을 일삼았다. 이들은 많은 곡식을 가지고 있지만, 방어에 취약한 농촌을 주로 공격했다. 당시 파리도 별반 다르지 않았다. 작은 마을 하나, 작은 도시 하나가 불에 타 하룻밤에 사라지는 일도 비일비재했다. 갈리아 지역은 400년부터 126년간 다양한 이민족의 혈투장이었다. 사람들이 오가던 대로는 더 이상 사람이 다니지 않게 되었다. 길가에 늘어서 있던 아름다운 집은 폐허가 되어가고 있었고, 물건으로 가득했던 상점은 뼈대만 남았다. 센강이 자신을 보호해 주기를 바라며 살기 위해 시테섬 안으로 들어갔다. 그리고 돌로 방어용 성벽을 쌓기로 결정한다. 센강이 있다곤 하지만, 겨울이 되

시테섬으로 들어간 파리 사람들은 섬 전체에 성벽을 둘렀다.

골목 사이 바닥 패턴이 달라지는 구간이 과거 성벽의 흔적이다.

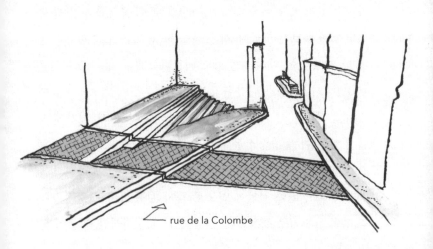

rue de la Colombe

면 얼어 물이 흐르지 않는 강은 시테섬을 보호해 주지 못한다. 당장 석재를 구하기 어려워 로마인들이 만들어 놓은 공중목욕탕과 포럼의 대리석이 성당이나 주택의 건축 재료가 되었고 이민족의 침입을 막기 위한 성벽의 석재 공급처가 되었다. 그렇게 섬을 감싼 성벽을 만들어 섬을 요새화했다. 파리의 첫 번째 요새가 만들어졌다. 이제 시테섬은 다리를 제외하고는 접근할 수 없게 되었다. 파리는 시테라는 작은 섬 크기로 좁아졌지만 성벽을 두른 시테섬 안에서 사람들은 안전하다고 생각했을 것이다. 결국 파리는 클로비스 1세에게 점령당하고 프랑크왕국의 수도가 되었다. 당시 센강과 라인강 일대를 '프란시아(Francia)'라고 불렀는데 이 호칭이 그대로 나라 이름 '프랑스'가 되었다.

시테섬 안을 걷다보면 성벽의 흔적을 발견할 수 있다. 노트르담 바로 옆 라콜롱브 거리(rue de la Colombe)에 바닥 패턴이 바뀌는 곳이 있다. 차도와 인도가 연결되어 있는 이곳에서 당시 성벽 두께의 흔적을 발견할 수 있다.

파리를 감싸던 성벽을 시기별로 분류해 보았다. 약2세기경 첫 번째 성벽에서 시작해 도시가 커지면서 성벽도 함께 커진 것을 확인할 수 있다.

그러나 이 성벽들은 시대가 변하면서 점점 그 쓸모를 상실했다. 성벽으로 둘러싸인 중세도시는 근대의 산업과 도시를 포용할 수 없었다. 구대화 과정에서 성벽이 도시 발전을 방해하는 낡은 시대의 잔재로 인식된 것은 전 유럽에서 보편적인 시대현

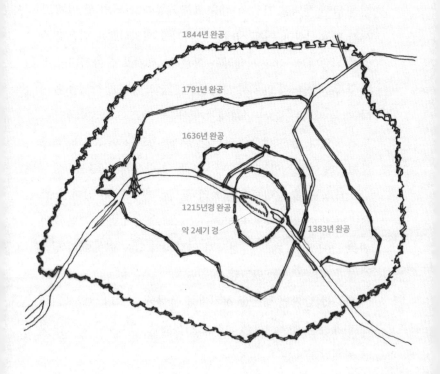

1844년 완공
1791년 완공
1636년 완공
1215년경 완공
약 2세기 경
1383년 완공

상이었다. 도시가 점차 커지면서 대부분의 도시에서 성벽을 허물었다. 다른 역사도시의 성벽 역시 비슷한 이유로 사라졌다. 그런데 재미있는 것은 최근에 지은 성벽이 아닌 파리의 가장 오래된 성벽의 흔적이 도시 곳곳에 남아있다는 점이다. 16세기 후반 파리 최초의 성벽 근처 땅을 소유한 사람들은 필요에 따라 성벽을 허물거나 성벽을 이용해 집을 지었다. 덕분에 약 12세기 경에 지어진 파리 최초의 성벽의 흔적을 지금도 볼 수 있게 되었다. 오히려 최근에 지은 외곽의 성벽은 도시정비를 위해 모두 해체되었다.

두 번째 성벽은 당시 국왕이던 필리프 2세(Philippe II Auguste)가 3차 십자군 원정을 떠나기 전 파리를 보호하기 위해 쌓았다. 당시 파리는 센강을 타고 올라오는 노르망디에 기반을 둔 영국의 공격에 대비해야 했다. 왜 필리프 2세는 적의 침입을 예상하면서도 원정을 떠나야 했을까? 당시에는 왕권을 얻기 위해서는 교황의 인가가 필요했는데 교황이 인가 조건으로 동방 원정을 제시한 것이다. 영주와 기사의 집안은 물론이고, 왕족을 포함한 성인 남성은 모두 원정에 참여해야 했다. 필리프 2세는 영국의 사자 왕 리처드 1세와 함께 원정을 떠났다. 양국의 왕은 원정 기간에는 서로 침략하지 않겠다는 약속을 했다. 필리프 2세는 이 불가침 시기에 재빨리 튼튼한 성벽을 쌓아 파리를 방어하겠다는 계획을 세웠다.

1189년에 16명의 건축가를 모아 파리에 성벽을 두르고 서쪽

외곽 기슭에 파리 방어용 요새를 짓기 시작한다. 이때 쌓은 성벽의 면적은 약 2.53㎢. 센강을 중심으로 약 2,500~2,600m 길이의 성벽을 쌓았다. 높이는 벽 난간을 포함해 6~8m, 아랫부분의 두께는 약 3m였다. 45m 간격으로 망루를 설치하고 망루마다 군사들이 경계를 섰다. 필리프 2세가 십자군 원정을 떠나기 전 시작한 공사는 그가 돌아올 때까지 계속되어 1215년경 완공되었다. 파리가 강력한 요새 도시가 된 것이다.

필리프 2세, 그러니까 필리프 오귀스트는 프랑스의 건축과 교육 분야에서 가장 혁신적인 역할을 한 것으로 평가받는 왕이다. 파리를 수도로 정하고, 주요 도로를 포장하고, 중앙시장인 레 알을 건설하고, 노트르담 성당과 루브르 요새를 건설했다. 그리고 유럽 최초로 대학교를 인가했는데, 파리대학교이다. 지금도 파리의 레 알은 상가가 많은 가장 번잡한 지역이며, 파리대학교 일대는 소르본대학을 중심으로 한 대학가가 형성되어 있다. 파리의 주요 특징적인 도시구역이 이 당시에 만들어진 것이다.

성벽을 발견하기 좋은 곳 l: 생폴가든

지금은 대부분 허물어졌지만 필리프 2세가 쌓은 성벽의 흔적은 파리 시내 여러 곳에서 발견할 수 있다. 내가 산책을 하면서 자주 들르던 곳에서도 성벽의 흔적을 발견할 수 있다.

노트르담 성당이 있는 시테섬 뒤에는 생루이섬이 있다. 항상 관광객이 넘치는 곳으로 아기자기한 주택과 예쁜 가게가 있는 작은 마을이다. 파리 도심과는 조금 다른 풍경으로 인기가 많은 동네이다. 생루이섬을 지나 강 건너 북쪽으로 가면 목적지인 자흐당생폴 거리(Rue des jardins Saint-Paul)가 나온다. 초등학교가 있는 전형적인 주택가이다. 자흐당생폴 거리를 따라 길게 자리한 운동장이 있다. 생폴가든이라는 육상 경기장인데 골대 주변에 놓인 책가방, 공 튕기는 소리가 정겹다. 저 멀리 공을 주고받는 아이도 보이고, 삼삼오오 모여 놀이하는 아이들 모습을 볼 수 있다. 운동장은 삼면은 시야가 뚫려 있고, 한 면은 벽으로 막혀 있는데 이 벽이 필리프 2세가 쌓은 성벽이다. 망루의 흔적도 일부 남아 있다.

성벽 바로 뒤에는 초등학교가 있고, 운동장 북쪽에는 고등학교가 있다. 이 동네 학교를 다니는 아이들은 800년이 넘은 문화재와 함께 생활하고 있는 셈이다. 아이들이 축구나 농구를 하다가 벽으로 공이 튈 수 있고, 기대어 쉬거나 친구들과 놀이를 하다가 문화재의 일부인 벽을 손상을 시키는 일도 생길수도 있겠지만, 그렇게 자유롭게 둔 덕분에 아이들은 놀면서 문화재를 느낄 수 있을 것이다. 아마도 자연스레 문화재의 가치와 관리 방법 등을 익히게 되지 않을까. 밝은 햇살을 가득 담고 환하게 빛나는 긴 성벽은 든든하게 지금도 아이들을 지켜주고 있다.

성벽은 동네 운동장 벽으로 사용되고 있다.

상가 사이에 정원으로 들어가는 좁은 입구가 있다.

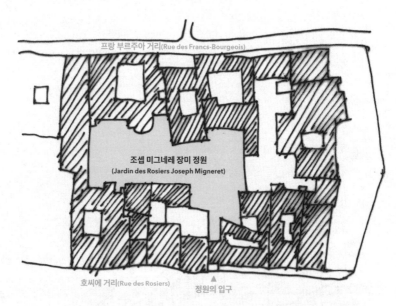

프랑 부르주아 거리(Rue des Francs-Bourgeois)

조셉 미그네레 장미 정원
(Jardin des Rosiers Joseph Migneret)

호씨에 거리(Rue des Rosiers)　　　정원의 입구

상가 사이에 정원 입구가 있어 눈에 잘 띄지
않는다. 철문이 공원의 입구이다.

성벽을 발견하기 좋은 곳 2: 비밀의 정원

두 번째로 소개할 곳은 내가 비밀의 정원이라고 부르는 곳으로 마레지구의 상가가 늘어선 골목, 정원이 있을 것 같지 않은 곳에 있는 정원이다. 이미 여러 차례 지나다녔음에도 상가들을 기웃기웃 구경하다보면 정원 입구를 지나칠 때가 많이 있다. 더구나 가로수와 잘 가꾸어진 화단이 상가들과 어우러져 있기에 상가 사이에 있는 평범한 입구가 더욱 눈에 띄지 않는다. 비밀의 정원 입구를 놓치고 되돌아갈 때마다 스티븐 스필버그 감독의 영화 〈E.T.〉를 떠올린다. 사람과는 다른 외모의 외계인 이티를 엄마가 눈치채지 못하게 하려고 제각각의 모양을 가진 인형들 사이에 있게 해 이티 역시 많은 인형 가운데 하나인 것처럼 위장한 장면. 나처럼 이 정원의 입구를 놓치는 이가 많은지 정원을 찾는 사람은 많지 않은 편이다. 오랜 시간 앉아 책을 읽고, 차를 마셔도 어쩌다 한두 명 정도 마주치는 정도이다. 그래서 나는 이 정원을 발견한 사람만 아는 '비밀의 정원'으로 부른다. 파리에 머물던 시절 내게는 보물 같은 공간이었다.

서론이 길었다. 정원은 바로 호씨에 거리(Rue des Rosiers)에 있다. 상가들 사이 소박한 철문을 들어가면 모습을 드러낸다. 건물로 둘러싸여 있어 아늑하고 조용한 작은 정원이다. 정원은 작지만 몇 개의 테마가 있는 세심한 손길이 느껴지는 곳이다. 다양한 허브와 꽃이 있는 정원, 가지가 축 늘어져 바닥에 닿을 듯

한 오래된 무화과나무가 있는 정원, 잔디 정원…. 잔디 정원에는 아이들을 위한 놀이용 돛단배가 놓여있다. 나는 아이로 돌아가 돛단배를 탄 해적이 되기도 하고, 괴물에 쫓기기도 하고, 젊은 청년이 되었다가 노인이 되는 상상을 하기도 하고, 축 늘어진 무화과 나무가 해리포터 속의 살아 있는 나무가 되는 상상을 하곤 했다. 정원 입구에는 둥근 벽의 잔해가 남아있다. 맞은편 나무의자에 앉아 숨겨진 정원의 수문장 같은 성벽을 지그시 바라보고 성벽이 자신이 본 것을 내게도 얘기해주기를 바라며 성벽 주변을 어슬렁거리곤 했다. 나중에 지역주민에게 들었는데 이 정원은 빅토르 위고도 매일 산책하던 곳이라고 한다.

성벽을 발견하기 좋은 곳 3: 데카르트 거리 사거리

운동장과 정원에 있는 성벽의 흔적은 센강 우안에 비교적 조용하고 한적한 곳에 있다. 이번에는 원형경기장에 가면서 들렀던 무프타흐 거리(Rue Mouffetard)로 가보자. 조금은 시끌벅적한 곳이다. 오후 4시경, 모든 프랑스인의 간식 시간에 가면 좋다. 늦은 시간에 저녁 식사를 하는 프랑스에서 4시의 간식은 필수이다. 입맛에 맞는 빵 하나와 무프타흐 거리의 과일 상점에서 산 과일 하나를 들고 성벽으로 간다. 상상만 해도 행복하다.

길을 따라 올라가다보면 길 이름이 데카르트 거리(Rue Des-

중세 가장 아름답던 시절의 루브르 궁전. 해자를 두었다.

지금의 루브르 박물관(검은 선)에
샤를 5세 시기 루브르 궁전(별색 선)을 겹쳐 보았다.

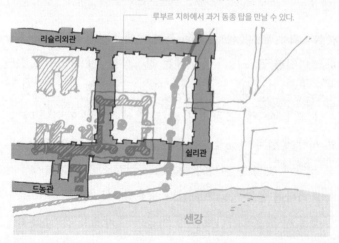

루브르 지하에서 과거 동종 탑을 만날 수 있다.

리슐리외관

쉴리관

드농관

센강

cartes)로 바뀌지만 골목의 분위기는 한결같다. 촘촘히 줄지어 있는 작은 상가를 구경하며 상가가 끝나는 지점, 사거리까지 걸어가면 거의 다 온 것이다. 사거리에서 오른쪽 클로비스 거리 (Rue Clovis)라는 표지판을 보고 그쪽으로 조금만 내려가면 성벽의 단면이 보인다. 일부가 허물어져 있는 성벽의 흔적을 보면서 성벽 안에서 안전하게 보호받을 수 있을 것이라는 당시 사람들의 마음을 상상해보게 된다. 언제든 적이 공격해올 때 성벽 자체만으로도 큰 위안이 될 것이다.

루브르 궁전

성벽이나 중세의 성을 떠올리면 전쟁, 배반과 음모, 정치와 권력에 대한 이야기가 떠오른다. 지금은 박물관으로 사용하고 있는 루브르 성은 화려한 궁전이었다. 루브르 궁전은 언제 지어졌으며, 최초의 루브르 궁전은 어떤 모습이었을까? 최초의 루브르 궁전은 필리프 오귀스트, 그러니까 필리프 2세가 성벽을 쌓을 때 함께 만들었다. 궁전이라기보다는 일종의 요새였다. 파리를 향한 모든 공격은 센강 서쪽에서 시작된다. 서쪽 경계의 최전방에 루브르 요새를 구축한 것이다. 필리프 오귀스트는 도시 가까이에서 방어할 수 있는 강력한 성을 구축하려고 했다. 루브르는 방어를 위한 난간과 해자로 둘러싸인 10개의 방어 탑을 가진 요새의 모습으로 지어졌다.

당시 성채는 공격을 막아내는 방어용 군사시설이었다. 성채의 역사는 전쟁의 역사와 함께 할 만큼 오래되었다. 성채의 형태와 구성은 천차만별이지만, 구성요소는 크게 해자, 외성, 내성의 삼중구조이다. 루브르 요새는 10m 폭의 해자로 둘러싸여 있었다. 안뜰 중앙에는 1200년경에 큰 탑(Grosse Tour du Louvre)을 세웠다. 탑은 외성과 내성의 경계에 세운 방어시설로 높은 곳에서 주변 상황을 정찰하다가 전투가 벌어지면 적을 공격하는 주요 거점이 되었다. 성채는 군사시설이지만 안에는 오랜 포위 공격을 견딜 수 있는 우물과 예배당, 주거, 궁정 기능도 포함되어 있다. 전쟁이 잦은 시기에는 방어의 기능이, 그 반대의 경우에는 정치의 중심지로 궁정의 기능이 커졌다.

봉건시대의 왕은 큰 권력을 가지고 있지 못했다. 심지어 왕보다 더 부유한 영주도 많았다. 왕은 명목상 최고 영주에 불과했고, 왕은 다른 영주들과 항상 경쟁해야 했다. 당시 루브르 요새는 파리에서 가장 큰 건물로 파리를 둘러싼 거대한 성벽 안에 버티고 선 최후의 보루였다. 이 성채에서 중요한 부분은 원형 탑이다. 정사각형이나 직사각형 탑의 경우, 탑의 튀어나온 부분을 공격해 더욱 쉽게 벽을 무너뜨릴 수 있기 때문에 주로 원형으로 만들었다. 지름 15.6m, 높이 30m의 원형 구조물은 왕의 금고인 동시에 파리를 지키는 요새였으며, 왕권에 도전하는 사람들을 가두는 감옥 역할도 했다. 루브르 성채는 돌로 지은 난

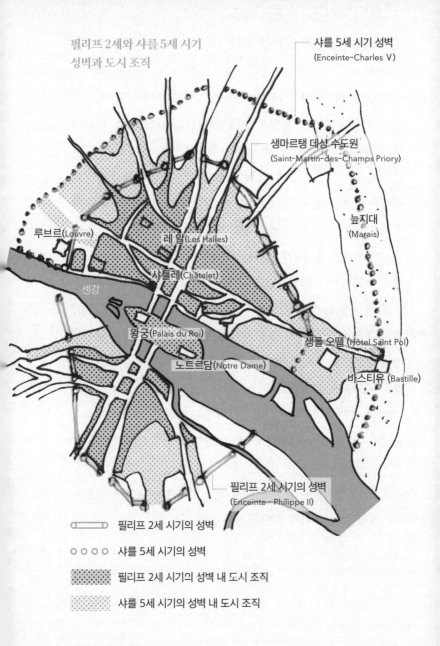

필리프 2세와 샤를 5세 시기
성벽과 도시 조직

샤를 5세 시기 성벽
(Enceinte-Charles V)

생마르탱 데상 수도원
(Saint-Martin-des-Champs Priory)

늪지대
(Marais)

루브르(Louvre)

레 알(Les Halles)

샤틀레(Châtelet)

센강

왕궁(Palais du Roi)

노트르담(Notre Dame)

생폴 오뗄(Hôtel Saint Pol)

바스티유 (Bastille)

필리프 2세 시기의 성벽
(Enceinte - Philippe II)

⬭ 필리프 2세 시기의 성벽

○○○○ 샤를 5세 시기의 성벽

░░░ 필리프 2세 시기의 성벽 내 도시 조직

░░░ 샤를 5세 시기의 성벽 내 도시 조직

공불락의 견고한 성채로 궁 자체가 파리였으며, 프랑스 왕권을 상징했다.

샤를 5세는 필리프 2세가 건설한 성벽보다 더 서쪽, 지금의 카루젤 광장에 새로 성벽을 쌓았다. 성벽의 확장 그림(136쪽)에서 3번째(1383년 완공)에 해당한다. 루브르가 성벽 안으로 들어왔기에 군사적 가치는 약해졌다. 샤를 5세는 파리에서 왕정의 권력과 존재를 물리적, 상징적으로 재확립하기 위해 성벽을 확장하고, 루브르를 왕실 거주지로 대대적으로 개조했다. 왕실 재무부와 예배당을 추가하고 타워 중 하나는 최초의 왕실 도서관으로 개조하여 지혜로 다스리는 왕권과 위신을 확립했다.

중세 루브르 성의 기초는 1984년 고고학 발굴 중에 발견되었다. 루브르 박물관의 중앙 지하실에서 성의 기초부분 일부를 만날 수 있다. 루브르 박물관을 가게 된다면 지하에서 루브르 성의 기초를 한번 찾아보길 권한다.

이런 방어용 요새는 전쟁이 잦아들고 르네상스의 기운이 싹트면서 쇠퇴하기 시작했다. 또 1300년경 화약과 대포가 발명되면서 성벽을 에워싸는 성채를 중심으로 하는 이전의 방어체계는 쓸모가 없어졌다. 성채를 강화하는 것으로는 날로 향상되어가는 대포의 파괴력을 감당하는데 한계가 있었다.

최초의 고딕성당이자
프랑스의 종묘

유럽의 도시를 공부하면서 이해하지 못한 것 중 하나가 어느 동네나 시내 한가운데 공동묘지가 있다는 점이었다. 작은 도시 든 큰 도시든 도시 가운데에는 공동묘지가 있다. 공포영화 때문인지 나는 공동묘지라고 하면 왠지 으스스하고 무섭다는 생각이 먼저 드는데 도심 한가운데에 공동묘지가 있다니, 참 낯설었다. 하지만 공동묘지는 전혀 어둡고 음침한 분위기가 아니다. 오히려 꽃이 만개하거나 화려한 조각이 돋보이는 공원 같다. 실제로 묘비 사이를 거니는 사람도 많다. 파리에서 지내고 몇 년 지나지 않아 나도 공원에 사람이 많아 시끄러운 경우에는 공동묘지를 찾게 되었다. 대개 공동묘지 옆에는 성당이 있는데 그 성당에 들어가 이런저런 상념에 젖곤 했다. 하지만 여전히 궁금증은 풀리지 않는다. 왜 시내 한가운데 공동묘지가 있을까? 유럽에서 묘지는 어떤 의미일까?

고대에는 죽은 자가 살아나 자신들을 위협할지 모른다는 두려움 때문에 가능한 먼 곳에 버렸다. 기원전 10세기경 그리스는 매장에서 화장으로 바꾸었다. 먼 전쟁터에서 죽은 병사들을 고향에 돌려보내기 위해서였다. 로마에서도 2세기경까지는 귀족들 사이에서 화장이 일반적이었다. 매장과 화장을 혼합한 형태도 있었는데 죽은자의 손가락만 매장하고 나머지 신체는 화장하는 식이었다. 화장하고 남은 재는 납골 단지에 넣어 콜룸

바리움(로마의 지하 납골당)에 안치했다. 그리스도교가 탄생하면서 화장을 사교의 풍습이라며 기피하게 됐다. 특히 카롤루스 대제는 789년 화장을 하는 자는 사형에 처한다는 칙령까지 내렸다.

초기 성당 가운데 규모가 큰 성당에는 성인의 무덤이 있었다. 성인 곁에 묻히길 원하는 신자들의 열망으로 성당은 예배를 위한 공간만이 아닌 장례와 무덤의 기능도 함께 가졌다. 콘스탄티누스 황제는 12사도 성당의 입구에 매장될 수 있도록 교황에게 허가를 받기도 했다. 귀족이나 성직자, 부자들은 성당에 매장되는 것을 당연한 권리로 생각했고, 입구에 만족하지 못하고 점차 안쪽에 매장되기를 원했다. 시간이 지나면서, 성당 안에 시체가 넘쳐 위생 문제가 발생하자 성당에서는 주교, 수도원장과 1등급 평신도만 성당 안에 묻힐 수 있다는 포고문을 발표했다. 1등급 평신도? 기준은 기부 액수이다. 1등급 평신도보다 더 특별하게 교회에 묻히고 싶어 하는 사람들은 더 많은 돈을 기부하거나 예배당을 짓기도 했다. 후손의 기부와 명망에 따라 성당은 정기적으로 기부자의 영혼을 위해 기도하고 미사를 드렸다.

당시 유언은 일종의 성스러운 의식으로 그 의식을 치르지 않으면 파문당하기도 했다. 또 유언장을 남기지 않고 죽은 자는 성당 묘지에 매장될 수 없었다. 왜냐하면, 유언장의 가장 중요한 항목은 신앙을 위한 기부와 유산 분배. 성당이나 자선단체에 기부하는 것을 정확히 글로 남기기 때문이다. 기부는 현세의 재산을 천국과 연결시키는 유일한 수단이었다. 생전에 어떻게 살았든 성당에 거액을 기부하면 모든 죄를 용서받을 수 있었다. 이러한 관행이 14세기 귀족들을 경제적으로 궁핍하게 만들었다는 주장도 있다.

성당 안에 매장되지 못한 사람들은 성당 묘지에라도 매장되고 싶어 했다. 성당 밖의 묘지 역시 등급이 매겨졌는데 역시 죽은 자의 사회적 경제적 지위에 따라 자리가 정해졌다. 가장 인기 있는 자리는 건물 동쪽, 제단의 벽에 가까운 곳이다. 그곳은 마지막 심판의 날에 가장 먼저 해가 뜨는 것을 볼 수 있는 자리이기 때문이다. 그에 반해 북쪽이나 구석은 악마의 영역으로 여겨져 태아나 사생아, 자살한 사람의 자리였다.

그럼 프랑스 최고의 무덤은 어디였을까? 프랑스의 최초이자 최고의 성인은 누구였을까? 그 대단한 성인과 가장 가까이 묻힐 수 있는 사람은 누구였을까? 최고의 권력자인 왕이다. 프랑스의 역대 왕들이 가장 선호한 무덤을 찾아가보자.

고딕이 만들어지기까지

노트르담 정문, 몽마르트 여기저기에서 머리를 들고 있는 성인 조각을 볼 수 있다. 생드니(Saint Denis), 프랑스의 국민 성인이며, 프랑스 카톨릭 신자들이 가장 공경하는 성인 중 한 분이다. 프랑스어 '드니(Denis)'는 디오니시우스(Dionysius)의 이름에서 유래했다. 생드니는 250년 순교한 프랑스 파리의 주교로, 그는 갈리아 지방을 기독교로 교화시키기 위하여 파견되었으나 로마의 기독교 박해로 참수되었다. 전설에 따르면, 그는 몽마르트에서 참수된 후에 잘린 목을 주워들고 설교를 하면서 약 6km 정도를 걷고서야 완전히 숨을 거두었다고 한다. 그가 쓰러진 자리에는 그를 기념하는 성당이 세워졌으며, 그 자리를 중심으로 생드니(Saint-Denis)라 불리는 도시가 형성됐다.

당시 사람들은 그리스도교를 위해 순교한 성인 반열에 오른 사람들의 유골이나 유품에 성스런 치유력이 있다고 믿었다. 중세 사람들은 그러한 성스러운 유물을 접하기 위해 아주 먼 교회까지 순례를 했는데 이곳 생드니 역시 순례자들에게 인기 있는 목적지였다. 성당을 방문하는 순례자의 수는 성당의 권위와 교세에 직결되어 있었다. 방문 순례자의 숫자는 기독교적 열정, 신앙심의 깊이, 성당의 권위와 힘을 상징했다. 보관하고 있는 성물의 중요도에 따라 기부금 수입도 편차가 컸다. 순례자에게서 파생된 경제 효과는 성당에만 한정된 것이 아니었다. 순례자들이 머무는 공간과 음식점 덕분에 도시에는 활기가 넘쳤다. 이것은 다시 도시에 대한 성당의 영향력을 증대시키는 결과를 가져왔다.

당시 성당는 신앙의 중심지이자 교육기관이었다. 800년, 프랑크 왕국을 통일한 샤를마뉴는 성당의 도움으로 글을 배웠다.

생드니가 참수를 당한 몽마르트 순교지에서 생드니가 숨을 거둔
자리에 지어진 생드니 성당의 거리를 표시해보았다.

생드니 대성당

6km

몽마르트
순교지

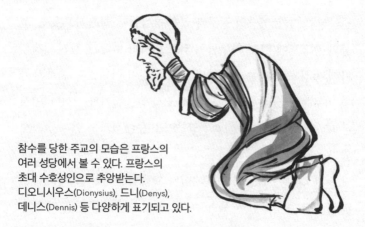

참수를 당한 주교의 모습은 프랑스의
여러 성당에서 볼 수 있다. 프랑스의
초대 수호성인으로 추앙받는다.
디오니시우스(Dionysius), 드니(Denys),
데니스(Dennis) 등 다양하게 표기되고 있다.

프랑크 족의 다른 지도층도 문자, 성경, 역사, 문화에 이른 다양한 교양지식을 성당으로부터 교육 받았다. 잘 알다시피 당시는 왕이 가신에게 땅을 주고, 그 가신은 왕에게 충성서약과 군역의 의무를 지는 봉건사회였다. 하지만 왕권이 강력하지 못하면 귀족들의 충성 맹세는 길게 지속되지 않았다. 그 결과 통치세력은 계속 바뀌었다. 그럼에도 당시 절대로 변하지 않는 존재가 있었으니, 성당과 수도원이다. 그곳에서는 종교 활동 외에 인문, 과학, 예술교육과 연구가 이루어지고, 사회 소외계층에 대한 봉사도 이루어졌다. 정치와 전쟁을 제외한 거의 모든 것이 성당과 수도원을 중심으로 운영되었다.

당시 수도원은 어떤 곳이었을까? 프란치스코회, 도미니크회, 클뤼니 수도원과 같은 유명한 수도원은 물론 알려지지 않은 수도원도 막중한 사회적 책무를 다해야 했다. 지역민들에게는 일터 제공처였으며 수도원에 부속되어 있는 요양원은 극빈자, 환자를 위한 병원이었으며, 십자군과 순례자에게는 쉼터였고, 나그네들에게는 하룻밤 잠자리를 제공하는 일종의 숙소였다. 초기 수도원은 사회의 주요기관으로서 땅의 소유자이자 행정과 경제의 중심지 역할을 하고 수도원 부속학교 시설은 사람들을 교육하는 장소였으며 영적으로 목말라하는 신자들에게 영적인 구원을 기원하는 장소였다. 수도원의 건립 목적은 신앙을 보다 널리 전파할 수 있는 다음 세대의 인재, 즉 새로운 성직자 양성이다. 또한 수도원의 수도사들은 여러 종류의 이단에 대항하면서 그리스도교 교리의 정당성을 확립해야 한다는 사명을 가지고 있었다. 수도원에서 가장 영광스러운 일은 필사본을 만드는 것이다. 각각의 수도원에서는 옛 원서를 필사하거나 그림을 그리고, 성서를 다른 문자로 옮겼다. 영화로도 만날 수 있는 움베르토 에코의 소설《장미의 이름》에 나오는 수도사들의 주요 업무가 바로 필사였다. 하느님의 말씀, 복음, 신학, 교리, 전례 등을 연구 기록하고 필사하고, 거기에 맞추어 도상까지 생각해 그려 넣는 일을 했다. 더 나아가 수도원은 성당을 장식할 수 있는 상징적인 도상을 만들어 내기도 했다. 수도원은 중세미술과 건축 도상의 기틀을 잡아준 곳이었다. 수도원은 중세초기 학문적 전통을 지탱하는 소위 대학과 같은 역할을 했다.

당시에 주로 지어진 건축 유형은 왕이나 영주를 중심으로 성을 짓는 것과 수도원을 중심으로 성당을 짓는 것으로 양분할 수 있다. 성당 건축을 감독, 지도하는 사람 역시 수도사들이었다. 비트루비우스의《건축십서》가 보관된 곳도 수도원이다.

생드니 수도원장이었던 쉬제르(Suger, 1081~1151)는 어린시절 집 근처 생드니 수도원에 들어가 수사들로부터 교육을 받았다. 그리고 가장 친한 친구는 같은 또래의 수도원 친구 루이 카페였는데, 이 소년이 1108년에 왕이 된 루이 6세이다. 쉬제르는 루이 6세와 그의 아들 루이 7세의 장관이었고, 루이 7세가 십자군 원정으로 프랑스를 비울 때, 섭정을 할 정도로 왕과 왕의 아들과 친목이 대단했다. 성직자들이 성당건축에 관여하는 일은 중세 전반에 걸쳐 매우 보편적인 현상이었다.

쉬제르가 활동하던 시기는 세기말로 새로운 것이 요구되던 시기였다. 새로운 1000년을 시작하며 성당은 추상적인 가치를 현실로 보여주어야 했다. 쉬제르는 왕의 친구이자 조언자로서 정치적 기반도 갖추고 있었다. 건축장인들과 새로운 시공법을 실험하기 위해서는 상당한 자금이 필요했는데, 이것을 할 수 있도록 프랑스 왕실과 로마 카톨릭을 설득하는 능력이 있었고, 그 일을 성사시켰다. 쉬제르는 새로운 것을 열망하며, 건축가, 조각가들이 새로운 것을 내놓을 수 있는 방향으로 끌고 간 강력한 건축주였다. 쉬제르는 이전까지의 건축 양식과는 완전히 다른 새로운 양식으로 성당을 짓고자 했다. 그렇게 완성된 성당의 건축양식을 가리켜 라틴어로 'opus modernum', 즉 '현대 양식'이라고 했지만 당대 사람들에게는 상당히 낯선 양식이었다. 이 양식은 후대에 '고딕'이라는 이름으로 불리게 된다.

쉬제르가 새로운 양식으로 지은 생드니 성당은 1144년 6월 성대한 헌당식을 거행했다. 루이 7세와 왕비, 국내외 귀족과 그의 가신들, 그리고 프랑스에 재직하고 있는 대부분의 주교들과 대주교가 참석했다. 성당 바깥에는 엄청난 인파가 몰렸다. 헌당식에 참가했던 여러 대주교와 주교는 성당의 높이와 쏟아지는 찬란한 빛에 압도되어 새로운 양식에 감탄하고 강렬한 인상을 품고 돌아갔다.

이후 생드니 성당의 건축 효과는 유럽 전 지역으로 소문이

고딕의 시작인 생드니 성당. 외관은 단순해 보이지만
내부에는 고딕의 모든 요소가 다 들어 있다.

퍼져나갔다. 신비로운 광채로 둘러싸인 높은 공간이 종교뿐 아니라 왕의 권위 향상에 공헌한다는 이야기가 권력자들의 귀에 들어갔다. 각 나라의 왕들은 '권위 회복'이 숙원인 만큼 앞다투어 성당 건립을 지원했다. 유럽 각지에서 성당건설 붐이 일었다. 고딕 대성당을 둘러싼 권위의 추구와 경쟁심은 왕과 주교뿐 아니라 주교가 재직하고 있는 도시의 일반 시민들에게도 있었다. 자기의 도시에 다른 도시보다 더 거대한 대성당이 세워지기를 열망했다. 옆 도시보다 우리 도시의 건물이 더 높은 것으로 그들의 자존감은 하늘을 찔렀다. 생드니 성당에서 시작된 고딕은 양식이 진화되고, 각 나라의 취향이 더해지면서 점점 장식이 복잡해졌다.

건축가들 중에는 쉬제르를 좋게 평가하지 않는 사람이 많다. 이유는 그가 함께 일한 건축가의 이름을 의도적으로 알리지 않았기 때문이다. 11세기에는 건축가라는 전문 직업이 있었으며, 그들에 의해 건축계획이 세워졌다. 쉬제르는 자신의 부속 수도원 성당인 생드니 성당 재건과 관련한 모든 사실을 기록했지만 당시 건축가들과 명성으로 경합 벌이는 것이 싫어서 건축가의 이름은 언급하지 않으려고 상당히 애를 썼다고 한다.

비슷한 시기에 지어진 노트르담 대성당에는 초석에 장 드셸(Jean de Chelles)의 이름이 새겨져 있고, 아미앵 성당의 경우에는 2대에 걸친 건축가의 계보가 새겨져 있으며, 랭스 성당 바닥 미로에는 정 가운데 대주교가, 각 4면에는 석공장의 이름이 새겨

저 있다. 또한 당시의 유명한 건축가들은 종종 자신이 설계한 성당에 무덤으로 남아있기도 했다. 다른 성당에 비해, 생드니의 쉬제르의 침묵은 고의적이라고 문헌에서는 이야기한다.

생드니 성당

생드니 지역은 오늘날 파리와 경계를 이루는 도시로, 우리나라와 비교하면 경기도에 해당한다. 파리를 둥글게 둘러싼 일 드 프랑스 지역 중 강도, 마약, 살인 등 범죄로 유명한 도시이기도 하다. 유럽에서 가장 높은 폭력 발생률 기록을 보유하는 불명예를 가지고 있다. 그러나 그 옛날 이곳은 프랑스에서 가장 성스러운 지역이며, 수세기 동안 이 도시는 프랑스 왕가의 공식 왕릉 역할을 했다.

생드니 성당(Basilique Cathédrale de Saint-Denis)은 기존 고딕성당의 외관과 비교하면 다소 소박해 보일 수 있다. 단조로워 보이는 외관은 프랑스 북서쪽 캉지역의 생테티엔 성당의 로마네스크 시기의 노르만 양식에서 영감을 받았기 때문이다. 성당 꼭대기는 성채의 상부 방어시설의 모습을 가지고 있고, 오른쪽에는 꽤 높은 탑이 있는데 네 개의 코너를 가지고 있다. 지금 성당은 왼쪽에 탑이 없어 오른쪽으로 기울어 보이는데 왼쪽에 있던 첨탑이 19세기에 화재로 없어졌기 때문이다.

19세기 화재로 사라졌지만 탑이 있었을 때의 모습을 상상해 보았다.

최초의 고딕성당이자 프랑스의 종묘

성당 내부로 들어가면 웅장하고 높은 공간에 감탄사가 절로 나온다. 기둥과 벽, 천장을 연결하는 기둥들을 훑어보자. 세밀하게 작은 돌을 조합해 큰 덩어리처럼 보이게 만들었다. 이후 지어지는 다른 성당들도 그렇지만, 거대한 규모의 성당을 지을 때 큰 돌을 가공하기보다는 작은 돌을 조합해 기둥과 벽을 쌓아 올렸다. 원기둥으로 구성된 오더 대신 벽을 겸한 기둥인 피어를 사용하기 시작한 것 역시 생드니 성당이다. 이것은 정말로 중요한 변화이다. 그 덕분에 벽에 개구부를 뚫어 빛을 끌어들일 수 있게 되었기 때문이다. 그렇다고 이 가는 선적인 요소로 실제 건축 하중을 지탱하기에는 힘들어 다른 구조체를 덧대어야 했지만, 사람들의 눈에 먼저 들어 온 것은 가는 선이다. 전체 공간이 가볍게 느껴진다.

생드니 성당은 넘치는 순례자들을 위해 증축한 성당이다. 일반 성당과 순례자 성당은 어떻게 다를까? 가장 큰 특징은 순례자가 예배의식에 지장을 주지 않고 내부를 둘러볼 수 있도록 바깥으로 측랑 동선을 추가한다. 또한 순례자 성당은 지하 제실에 성유물을 보관, 순례자들이 예배 드릴 수 있도록 하면서 도난 방지도 한다. 생드니 성당 지하에도 지하 묘가 있다. 그리고 성당 주변을 둘러보면, 상당히 화려한 무덤이 가득하다. 이곳은 10세기 이래 800년 동안 프랑스의 역대 국왕과 왕비들이 안장된 왕실 묘지였다. 다고베르 1세에서부터 마지막 왕인 루이 18세까지 프랑스의 왕과 왕비들, 왕족의 무덤으로 42명의 프

랑스 왕과 32명의 왕비, 81명의 왕자와 공주가 영면해 있는 곳
이니, 프랑스 종묘인 것이다. 우리의 종묘와 다른 점은 크게 두
가지로 볼 수 있다. 우리는 죽은 이의 혼이 깃든 신주를 모시는
데, 이곳에는 왕의 시체를 담은 관이 있다. 우리의 종묘는 조선
시대의 왕들만 모시고 있지만, 생드니 바실리카에는 3개의 왕
조인 메로빙거, 카롤랑지엔, 카페시엔으로 5세기부터 19세기까
지 역사의 모든 왕조가 함께 묻혀 있다.

제대 주위에는 대리석으로 조각된 왕들의 무덤이 배치되어
있다. 태양왕으로 불리는 유명한 루이 14세의 무덤도 있다. 무
덤 위에 얹힌 조각으로 생전의 모습을 어림짐작할 수 있다. 무
덤 위 조각은 무릎을 꿇고 구원을 기도하는 형상도 있고, 앉거
나 서있기도 하고, 말을 타고 있는 모습까지 다양하다. 왠지 누
워있는 조각은 죽은 자의 사실적인 모습을 조각한 것 같고, 경
건하게 기도하는 모습은 보여주고 싶은 이상적인 모습을 표현
한 것 같다는 생각이 든다.

우리는 조상의 묏자리를 잘 쓰면 후대가 복을 받는다고 하
는데, 여기는 성인 가까이에 묻혀 사후 천국에 간다는 구체적
인 소망을 가졌다. 가장 처음 이곳에 묻힌 다고베르 1세는 당시
최고 성인이 묻힌 이곳을 왕실수도원으로 바꾸며, 많은 특전을
주었다. 생드니 성당을 파리의 주교로부터 독립된 곳으로 만들
어 주었으며, 자체적으로 시장을 가질 수 있는 당대 최고의 권
리들을 주었다. 그리고 그와 그의 자손들은 대대로 성인 옆에

성당 안 제대 주변에 프랑스의 역대 왕족이 묻혀 있다.
무덤 위에 얹은 조각으로 무덤 주인공의 생전 모습을
짐작할 수 있게 했다.

서 영원한 안식을 누리고 있다.

아름다움의 조건

생드니 성당은 외부의 질서를 바탕으로 한 딱딱한 모습과 달리
내부는 경이롭고 다채로운 빛의 스테인드글라스로 장식했는데
마치 영적 세계로 인도하는 듯하다. 이런 스테인드글라스가 등
장할 수밖에 없는 사연이 있다. 고딕양식이라는 새로운 방식은
'빛의 개념'에 대한 세계관이 결정적인 역할을 했다. 그것을 정
의한 사람은 토마스 아퀴나스이다. 스콜라 철학의 대부인 토마
스 아퀴나스는 그리스도교의 세계관에 입각해 미의 조건을 '비
례, 완전성, 명료성' 세 가지로 밝혔다. 당시 미의 조건이 무엇인
지 건축에 반영된 부분을 보자.

미의 조건 가운데 '비례'는 수학적 척도에 근거한 비율로, 모
든 사물에는 절대적인 아름다움의 비례가 결정되어 있다고 이
야기한다. 이 비율에 대한 부분이 서양건축 전체의 바탕을 이
루는 부분이다. 그리스 로마 건축에서부터 서양의 근대에 이
르기까지 주요한 사조의 바탕을 이루고 있는 미의 개념이 바로
'비례'이다. 프랑스의 근대건축가인 르코르뷔지에 또한 파리에
서 일하는 20대 초반에 노트르담 성당의 입면을 그려보며, 정
면의 비례에서 기준선을 찾아보는 스케치를 하곤 했다. 그는 노

숲 이미지를 가진 성당 내부

트르담에서 "질서에 대한 유익한 지각이 감성적인 수학을 가져다준다"고 이야기했다.

수학의 미는 수학자이자 철학자인 피타고라스의 아름다움에 대한 세계관을 이해하면, 그 이후 건축가와 디자인에 영향을 끼친 수의 아름다움에 대해 이해할 수 있다. 당연히 중세와 그 이후의 고전건축요소를 발전시킨 다른 양식의 건물에 대해서도 고개를 끄덕이며 이해할 수 있다. 피타고라스는 절대적인 아름다움이 존재한다고 믿었다. 그 아름다움은 조화이며, 조화는 질서에서, 질서는 비례에서, 비례는 척도에서, 척도는 수에서 나온다고 주장한다. 수에서 출발해서 조화로 완결되는 아름다움의 조건은 그리스로마 건물에도 반영되었는데, 기둥의 비례, 간격, 페디먼트의 위치와 크기, 조각된 인물들의 위치와 관계까지 모든 것은 조화로운 숫자의 질서 안에서 존재했다. 화려한 조각과 세공기술의 바탕에는 수의 비례로 정의된 미의 세계가 있다. 피타고라스는 이를 통해 '조화롭다'는 개념이 느낌이 아니라 수에서 찾을 수 있다고 했다. 피타고라스의 이런 생각은 플라톤으로 이어져 미에 대한 객관주의적인 태도가 서양 전체에 퍼지게 된다.

두 번째 아름다움의 요소인 '완전성'은 어느 하나 모자라거나 손상되지 않은 상태의 조화로 모든 것이 갖추어져 있는 통합의 상태를 의미한다. 건축으로 보면 내적인 상징들이 외적으로 표현되는 완전성을 의미한다. 성당은 하느님의 집, 예루살렘의 상징이다. 성당의 각 요소는 저마다 상징이 있다. 기둥은 교부이고, 공간에 스며드는 빛은 그리스도를 상징한다. 이러한 상징화는 제의에 대해 더욱 성스러운 분위기를 연출하는 효과를 가져왔다.

아름다움의 마지막 조건은 '명료성'이다. 이것을 달리 말하면 '광채'라고 할 수 있다. 사물 자체에서 나오는 빛으로 사물의 의미를 발견할 수 있고, 빛을 통해서 아름다움을 발견할 수 있다고 봤다. 당시 철학만 아니라 바뀌고 있는 사회적 시대상이 성당의 모습을 바꾸게 되는 계기가 되었다.

전쟁이 없는 시대가 이어지면서, 기존 성당이 가지는 방어적 기능이 사라졌다. 굳이 벽을 두껍게 할 필요가 없고, 창문도 작게 할 필요가 없어졌다. 창이 커지고 벽이 줄어들면서, 다시 문제가 발생했다. 기존의 벽에 새겨져 있던 성상과 벽화가 사라지면서 문자를 모르는 사람들에게 그림으로 전달하던 성경이 사라졌다. 또 너무 밝음으로 인해, 자신의 내면을 마주하고 성찰하는 공간의 분위기가 형성되지 않는다고도 했다. 이 두 가지 문제를 한꺼번에 해결한 것이 스테인드글라스였다. 유리창이지만 빛이 많이 들어오지 않는 스테인드글라스를 조각내어 성화로 만들었다. 성당은 적절하게 어둡고 다양한 빛으로 넘쳤고, 글을 읽지 못하는 사람들은 오묘한 빛을 통해 성경과 성당의 역사를 공부할 수 있게 된 것이다.

가고일과 노트르담

우리의 부인

언어는 일정한 집단에 속한 사람들이 자신의 생각을 표현하고 서로에게 전달하기 위해 사용하는 그 집단의 도구이다. 소통을 가능하게 하려면 관례로 굳어진 문법과 구문을 따라야 하고 듣는 사람이 이해할 수 있는 단어, 즉 듣는 사람에게 약속된 의미를 전달하는 단어를 사용해야 한다. 그 약속된 의미를 모르는 단어를 들었을 경우 그 사회 집단의 생각을 이해할 수 없게 된다. 내게는 '노트르담'이 그런 단어였다.

파리의 노트르담 성당을 프랑스어로 표기하면 'Cathédrale Notre-Dame de Paris'. 직역하면, '파리에 있는 우리의 부인의 대성당!' 도대체 뭔 뜻이야? 사전에서 'Notre'와 'dame'을 찾아보며 '우리의 부인'이 어떤 의미일까 고민했다. 의미를 깨달았을 때 혼자 '바보 같군!'을 중얼거렸다. 이 바보 같은 질문이 성당 공간의 본질을 찾아 더 깊게 생각하는 계기가 되었다.

'Madame'은 결혼한 여인에 대한 정중한 표현이라면 'Dame'은 결혼하지 않은 여성을 의미한다. 종교에서 존경할 만한 결혼 하지 않은 여성! 그제야 성모 마리아를 떠올리고 '노트르담'이 성모 마리아, 즉 성모성당의 의미라는 것을 깨달았다. 이제야 여러 가지가 이해되었다. 프랑스의 다른 도시에도 있는 노트르담 성당, 프랑스어 기반인 벨기에와 룩셈부르크에서도 본 노트르담이 붙은 성당, 심지어 이탈리아에 그 많은 '산타마리아

노트르담 대성당

(Santa-Maria)'도 결국은 성모 마리아라는 의미이다. 카톨릭은 유럽 전역과 북미에 광범위하게 퍼졌으니 성모 마리아라는 명칭도 각 나라의 말로 번역되어 사용되었을 것이다. 캐나다의 오타와 대성당도 노트르담이고, 미국에는 노트르담 대학(노터 데임)도 있다. 'Notre Dame'은 예수의 어머니를 나타내는 프랑스어이고, 영어로 풀이하면 'Our Lady', 우리말로는 '성모 마리아'.

그런데 성당의 주인공은 예수 아닌가?

종말론과 토착신앙 속 민중

그리스도가 세상에 오신 지 1000년을 맞이해 세상은 종말의 공포 속에 던져졌다. 이미 오래전부터 지속되고 있던 이민족의 약탈과 어지러운 세상 속에서 불행이 거듭되자 더 큰 불행이 엄습할 것 같은 불안감이 사회 전체에 팽배했다. 파괴와 약탈, 허탈감과 비참함이 온 사회를 짓누르는 가운데 오직 남은 희망은 1000년에 닥쳐올 최후의 심판을 맞이한다는 것뿐이었다. 훈족과 노르만족이 대륙을 지속적으로 공격했다. 특히 노르만족은 러시아와 영국, 프랑스 해안지대에 수시로 출몰하고 잔인한 약탈을 일삼아 '1000년의 공포기(Terreur de l'an Mil)'라는 말이 나올 정도였다. 오랫 동안 사람들은 학살, 방화, 약탈에 시달려야 했다. 공포의 기억이 사람들과 세대를 거쳐 머릿속에 생생하게 살아있었다.

봄이 되면 뿌린 씨앗에 싹이 돋고, 한여름 잘 가꾸어 추수를 하고, 가족이 먹고 살 수 있는 식량을 마련해 겨울을 잘 나는 것. 그것이 당시 사람들이 바라는 평범한 행복이었다. 하지만 수확철이 되면 침략자들은 어김없이 나타났다. 한 해 동안 온 힘을 다해 길러낸 밀과 곡물들을 칼을 겨누는 이들에게 빼앗기고, 아내와 누이가 잡혀 가기도 하며, 온 가족이 목숨을 잃어 고아가 되는 아이들도 있었다. 중세 사람들의 천국과 지옥은 그들의 관념과 상상 속에 있는 것이 아니라 현실에 있었다.

11세기 중반을 넘어서면서 평화의 기운이 피어오르기 시작했다. 기후까지 온난해 이전보다 농작물 생산도 잘되었다. 갈리아라 불리는 프랑스에는 원래 켈트인이 살았는데 로마가 점령했다. 게르만계의 프랑스인이 침입하고, 노르만인도 침략했다. 그들의 민간신앙에는 켈트, 로마, 게르만, 노르만 신앙이 다양하게 존재했다. 공통점은 자연에서 신적인 존재를 찾는 것. 그리스도교의 자연을 초월해서 존재하는 유일신 이야기는 당시 보통 사람의 머릿속에서는 자신들의 생각의 범위를 넘어선 것이었다. 농민 대부분은 그리스도교 신자가 아니었다. 어쩌다 귀의했다하더라도 표면일 뿐 실제 생활 양식은 민간신앙과 풍습을 유지하고 있었다.

수도사들은 '신-인가-자연'의 순서로 가치가 있으며, '신과 닮은 형상으로 만든 인간은 자신을 위해, 그리고 신을 위해 자연을 활용해도 상관이 없다'는 세계관을 가지고 있었다. 그런데 수도사들은 유일한 당대의 지식인으로 농사에 대한 과학적인 기술과 방법도 수도사들로부터 나왔다. 수도사들의 지식은 수도원에 속한 농토부터 시작해 왕의 직할지, 봉건영주의 봉토로 퍼져나갔다. 1140~1170년대에 개간 운동이 일어났다. 이 기간에 프랑스 전 영토의 60%를 차지하던 숲이 20% 정도로 감소했다. 어마어마한 개간운동은 낮에도 빽빽한 나무들로 깜깜하던 숲을 경작지로 바꾸어 놓았다. 수도사들은 숲을 벌채하면서 정신적인 괴로움을 느끼지 못했지만, 숲을 숭배하는 농민들은 그렇지 않았다. 당시 프랑스 인구의 90%가 농민이었는데, 늘 식량난에 시달렸다. 결국 농민들은 어쩔 수 없이 수도사들이 알려주는 대 개간운동에 동참해 자신들이 숭배하던 숲을 없앴다. 농경지가 확대되어 식량 사정이 나아졌지만, 그만큼 농촌인구도 증가했다. 또 다시 식량 위기가 발생하고, 많은 농민은 일자리를 위해 도시로 이동했다. 도시는 사람들이 몰려와 북적거리며 활성화되었지만, 사람들의 마음은 허전했다.

농촌은 지연, 혈연이라는 두터운 관계가 있는데 그것은 같은 땅을 함께 경작한다는 공감대에서 나왔다. 하지만 도시는 여러 다른 지역에서 온 사람들로 풍습도 직업도 다르니 농촌처럼 친밀한 유대관계를 맺기 어려웠다. 한때 자신의 고향을 짓밟은 이민족을 조상으로 둔 무서운 사람을 만나기도 했을 것이고, 언어가 통하지 않은 사람도 있었을 것이다. 사람들 간의 공감대를 찾아보았지만, 도시 안에는 '길드'와 '코뮌'이라는 폐쇄적인 집단만 존재했다. 도시에는 직업에 따라 '우두머리-기능공-도제'의 엄격한 상하관계를 가진 동업자 조합인 길드(guild)가 있었고, 도시의 자치와 치안을 위한 코뮌(commune)이라는 법적 제도가 있었다. 숙련되지 못한 노동자는 길드에 가입할 수 없었고, 코뮌역시 도시에 집과 땅을 소유한 사람만 가입을 할 수 있었다. 농촌에서 올라온 사람들은 어디에도 속할 수가 없어 마음이 헛헛했다.

지모신앙

현재 파리의 노트르담 성당이 있는 땅의 역사를 보면 노트르담 성당이 들어서기 전 4세기경에는 생테티엔(Saint Etienne) 성당이 있었다. 4세기 경, 기독교가 파리에 들어오고 카톨릭이 국교가 되면서 생테티엔 성당은 길이 70m, 폭 35m, 5개의 홀을 가진 당시 왕국에서 가장 큰 성당이었다. 훈족이 파리를 공격했을 때 주느비에브가 신자들과 함께 기도한 곳도 이곳이었다. 이성당이 노트르담의 전신이다. 그 이전 갈로 로만시대에는 주피터 신전이 있었고, 그 이전에는 켈트족의 신전이 있었다.

1711년 노트르담 지하에서 3세기의 유물이 발견되었는데 로마가 파리를 통치하던 시기의 것들이다. 그 중 4명의 신이 조각

된 기둥이 있다. 삼면에는 로마의 신이, 한 면에는 케르눈노스 (Cernunnos)라는 머리에 뿔이 난 신이 조각되어 있다. 이 기둥은 노트르담 근처 파리국립중세박물관, 앞서 이야기한 로마 대욕장 바로 옆에 있는 건물에서 발견할 수 있다. 켈트족 신전의 흔적이다. 이곳 파리의 노트르담 성당뿐만 아니라 로댕이 '프랑스의 아크로폴리스'라고 극찬한 샤르트르 대성당 역시 켈트족의 신전이 있던 곳이다. 지금도 지하 예배당에는 켈트족이 제사를 지내던 성스러운 샘이 보존되어 있다. 종교 중심지의 '땅의 기운'은 남다른 것 같다.

로마는 다신교이므로 정복한 지역의 토착신앙을 수용하는 것에 거부감이 없었다. 하지만 기독교는 다른 종교 위에 그리스도교 신앙을 겹쳐놓고 기존 신앙이 보이지 않게 했다. 로마시대의 태양신 미트라 탄생일인 동지를 예수 탄생일(크리스마스)로 정해 그 이교도들에게 기독교를 받아들이도록 한 것처럼 말이다.

소아시아의 프리기아(현재 터키 근처)에서 유래된 지모신 키벨레(Kybele)는 고대 그리스를 거쳐 기원전 6세기 프랑스 남쪽 마르세유에 전래되고, 고대 이집트 대지의 여신 이시스(Isis), 그리스에서는 데메테르(Demeter), 게르만 신화에서는 피르크타(Ferchta)와 홀다(Holda), 프레이야(Freyja), 켈트신앙에서는 다누(Danu)가 각각 지모신으로 숭배를 받았다. 유럽 전역에 아주 오래 전부터 존재한 지모신 신앙이다. 중세 사람들이 생각하기에 예수의 어머니만큼 예수와 가까운 사람은 없었다. 예수의 엄격한 최후의 심판을 떠올리며, 예수와 자신들 사이를 중재해줄 매개자를 원했다. 예수의 어머니가 유력한 중재자가 되어 자신이 천국으로 들어가는 길이 확고해질 수 있다고 생각했다. 고딕 시기 성모신앙의 열풍은 이런 그리스도교적 구원에 대한 열망이 강하게 작용한 것이었다.

성당의 높은 층고와 컴컴한 내부공간에서 숲에 대한 중세 사람들의 애착과 감수성이 동시에 느껴진다. 그들은 하늘로 쭉쭉 뻗은 나무가 가득한 숲과 어머니 같은 대지를 비록 개간으로 파괴했지만 다시 만나고 싶어 했고 성스러움 속에서 자연과 연대를 느끼고 싶어한 건 아닐까. 고딕 성당의 구조나 건축사적 의미를 모두 걷어내고 바라보면, 고딕성당 내부에서 '깊은 숲'이 느껴진다.

중세의 집들은 실내가 어두웠다. 집의 재료와 구조상 창문을 크게 뚫을 수 없었을 뿐만 아니라 나무창을 달았기 때문이다. 유리는 귀한 재료여서 사용하지 못했다. 여름에는 창을 열어 외부 빛을 받아들일 수 있었지만 추운 겨울에는 한낮에도 어둠 속에서 지내야 했다. 이렇게 어두운 공간에서 생활하던 사람들이 성당의 문을 열고 들어서는 순간 쏟아지는 빛을 보았을 때 느끼는 웅장함과 숭고함은 현재 우리가 느끼는 감정의 몇십 배는 되었을 것이다. 당시 사람들에게 성당은 신비로운 신의 나라 그 자체였을 것이다.

괴물 도상

성당 정문 입구나 아치 기둥, 지붕 꼭대기에 있는 기괴한 얼굴의 가고일… 보기만 해도 으스스해지는 기분이 드는 조각을 곳곳에서 볼 수 있다.

그런데, 왜 성당에 기괴한 형상의 조각이 많은 것일까?

특히 로마네스크 시기의 성당에는 야수를 닮거나 기괴한 형상의 조각이 많다. 바다의 요정, 목이 엉켜있는 개들, 싸우고 있는 맹수 등 동물을 모티브로 한 장식이 처마 언저리 벽에 수평으로 낸 돌림띠(코니스, cornice)와 주두, 문 위에 부조로 표현되어 있다. 자연신앙이 깊이 각인되었던 사람들에게는 성직자들이 믿는 순수한 하느님은 비현실적으로 멀리 떨어져 있는 존재였다. 오히려 어릴 때부터 부모님이나 주변 이웃에게서 듣던 이야기 속의 이상한 신이나 요정이 더 가까운 존재였다. 하느님보다 친숙한 신이나 요정의 형상으로 성당을 장식함으로써 하느님도 당신 곁에 있다는 이야기를 전하려는 일종의 암시 아닐까 하는 생각이 든다.

파리 5구의 르네 비비아니 광장(Square René Viviani) 성당에서 이런 도상을 볼 수 있다. 시테섬 건너, 좌안으로 조금만 내려가면 생줄리앙르포브르 성당(Église Saint-Julien-le-Pauvre de Paris)이라는 파리의 보석같이 숨겨진 성당이 있다. 파리 노트르담 대성당을 마주보고, 정신없고 사람 많은 생자크 거리(Rue Saint Jaque)

생줄리앙르포브르 성당(Église Saint-Julien-Le-Pauvre)

새의 몸에 여인의 얼굴을 가진 하르피아이(Harpies)

를 하나만 더 들어가면, 조용하고, 고요하게 침묵과 오랜 시간의 깊이를 간직한 이 성당을 만날 수 있다. 성당 이름은 중세시대 순례자와 가난한 여행자를 맞이하는 호스피스와 관련 있어 '가난한 이들을 위한 성당'으로도 불린다.

이 성당에서 열린 음악회를 보러 갔던 날 본 성당의 주두장식이 매우 인상적이었다. 제대 옆 주두에는 새의 몸에 여인의 머리를 달고 있는 조각이 붙어 있었다. 스타벅스 그림이 저기 왜 있는 거지? '하르피아'라는 의인화한 신화 속 형상이다. 하르피아나 세이렌은 모두 몸은 새이고 머리는 여자로 묘사된다. 스타벅스의 그림은 아름다운 노래로 뱃사람을 유혹해 배를 난파시킨다는 그리스 신화에 나오는 세이렌이다. 세이렌은 19세기에 '치명적인 여인(Femme Fatale)'을 일컫는 말로 사용되기도 했다. 그래서 스타벅스의 로고에 세이렌을 그려넣었나 보다. 커피로 사람들을 유혹하겠다는 스타벅스의 의지를 담아.

각 시대의 조각이나 미술, 건축은 그 시대의 시선으로 보면 재미있다. 하지만 그 시대를 잘 모르니 참고할 만한 무언가가 필요하다. 생줄리앙르포브르 성당의 도상을 이해하려면 단테의 《신곡》을 보면 도움이 된다. 지옥의 암담함과 고통이 좀 힘이 들 수도 있지만 하느님을 향한 인간의 순례 이야기가 잘 묘사되어 있다. 13곡, 제7지옥에 이 성당의 주두에 있는 하르피아 이야기가 나온다. 하르피아는 새로 돋아나는 잎을 뜯어 먹는다. 고통 받는 것은 나뭇잎이다. 하르피아가 움켜쥔 잎사귀는 자살한 영혼이 숲에 떨어져 싹을 틔우고 실가지로 피어올라 야생의 나무가 된 나무의 잎사귀이다. 하르피아가 그 잎을 뜯어먹으며 고통을 준다. 《신곡》 내용 중 "가지를 꺾자 붉은 피가 흐르는"이라는 구절이 있다. 이걸 성당의 주두 장식으로 가져와 보면 '자신의 목숨을 함부로 하지 말라'는 경각심을 주는 것으로 해석할 수 있다.

나중에 안 사실이지만, 이 성당은 근처에 있는 노트르담 대성당 학교, 1215년에 교황이 인가한 파리대학교와 밀접하게 관련되어 있었다고 한다. 3세기 동안 성당의 교구민에는 학생과 저명한 단테(Dante)와 토마스 아퀴나스(Thomas Aquinas)와 같은 학자가 있었고 성당은 대학 집회 장소로 사용되었다고 한다. 단테가 신곡에서 하르피아를 묘사한 부분이 그냥 나온 게 아니었나 보다. 어쨌든 이런 사실을 알기 전 스스로 유추해 도상의 의미를 어느 정도 풀이해냈다는 사실만으로도 뿌듯하다.

성당은 신화에서 인용한 기괴한 형상과 전설로 사람들을 회개하고 교화하겠다는 의지가 강했지만 제작 의뢰를 받은 조각가나 장인의 의도는 약간 달랐을 것이다. 예술가와 장인의 종교적 감성은 성직자들보다는 대중의 감성에 가까웠고, 대중이 무엇을 두려워하고 어떤 것에 호기심을 가지고 있는지 잘 알고 있었다. 예술가는 기존 신화에 자신의 상상력을 더해 더 자극적이고 환상적인 지옥을 표현하려 했다. 구원에 대한 열망이 저절로 우러나오게 만들었다. 죄를 지으면 지옥으로 떨어져 받는 고

통에 대한 이야기가 건물 안팎에 새겨 있는 것을 보고 일반 신도들은 이민족의 침략만큼이나 무서운 사후세계를 현실로 받아들였을 것이다. 최후의 심판에 대한 두려움으로 대중은 속죄해야 했고, 면죄를 얻기 위해, 아끼지 않고 헌금했을 것이다. 또한 예수님과 신도 사이의 중재자인 마리아의 역할이 중요하니 마리아를 위해서도 열심히 봉헌해야 했을 것이다.

성모신앙, 괴물 도상…. 이처럼 이교와 그리스도교의 이중성을 띤 잡다한 요소가 대성당에 공존했다. 특히 지식을 유난히 중시하는 클뤼니 수도회의 부르고뉴 지방의 수도원 성당 안에는 황도십이궁, 반인반수의 괴물, 낙타, 사자, 곰, 원숭이와 같은 동물이 주두를 장식하고 있어, 자연사박물관인 듯한 착각을 불러일으킨다. 괴물 도상은 점차 내부를 넘어 외부로 범위를 넓혀갔다. 신자들은 성당 문을 넘어서면서부터 일상에서 벗어나 신에 대한 묵상에 잠긴다. 그런 의미에서 성당의 정문은 신자들이 성당에 들어가기에 앞서 몸과 마음을 가다듬게 되는 매우 중요한 곳이다. 조금 다른 이야기이지만, 한국의 사찰은 서양의 성당과 비교하면 좀 더 은유적이다. 여러 문을 거쳐 대웅전까지 가는 과정에서 여러 문을 지나면서 마음을 가다듬고 부처를 향한 마음을 조금씩 키워가는 여정이 있지만 성당은 거대한 출입문과 5~6겹의 아치가 겹치면서 둔탁하고 웅장한 모습을 보여준다. 사찰의 여러 문을 정면 아치에 겹쳐서 놓았다는 생각을 하곤 했었다. 르코르뷔지에의 롱샹성당에서 나는 우리의 대웅전까지 가는 여정과 비슷한 공간 경험을 한 적이 있다. 동서양의 종교 공간 이야기는 다른 주제이므로 여기서 하기는 어렵고 다시 도상으로 돌아가자. 성당의 정문 출입구 상부의 삼각형 또는 반원형의 공간을 팀파눔(tympanum)이라고 하는데 여기에 성서의 한 장면을 조각해 성과 속이라는 성당 안과 밖의 경계를 분명히 드러낸다. 팀파눔의 조각은 정문을 격조 있게 만들어주며, 성당을 방문하는 신자들에게 큰 울림을 주는 내용이 주를 이룬다. 예컨대 '최후의 심판'과 같은 종교적인 큰 주제의 장면을 담아 충격적이고 의미심장한 내용을 보여주고, 심판자인 그리스도의 준엄한 모습으로 글을 모르는 신자들이지만, 자기성찰을 하게 유도했다.

노트르담 성당의 팀파눔에도 최후의 심판에 대한 이야기가 조각되어 있다. 문 가운데 저울을 들고 있는 뿔 달린 악마의 모습을 한 조각이 그것이다. 미카엘 대천사가 악과 덕의 무게를 저울질하는 장면인데 미카엘 대천사는 저울 손잡이만 잡고 있고, 악마는 교활하게도 자신의 손을 은근 슬쩍 저울 위에 올려놓고 정면을 바라보고 있다. 다음 영혼의 무게를 잴 사람은 '바로 너야'라고 이야기하는 듯한 모습이다. 이러한 조각은 백 마디 설교보다 효과적이었을 것이다.

이러한 괴물 도상들은 중세철학의 관점에서 보면 공포스럽긴 하지만 사실 악한 존재는 아니다. 당시에 악의 의미는 선이 결핍된 상태를 말한다. 괴물 조각들은 자체 나름의 아름다움과

선을 가지고 있지만 그것이 결핍이 된 것이다. 즉 지독한 악인이라 할지라도 그 역시 교화의 대상이 본다면 악인도 성당에서 회개를 통해 아름다운 존재로 거듭날 수 있음을 보여주는 것이 아닐까.

유물함이 된 건물

손으로 만든 것

내 손은 예쁜 편이 아니다. 손가락이 짧고 끝은 뭉툭하다. 손톱이 자라 흰 부분이 보이려 하면 어느새 손톱깎이를 찾고 있다. 마음먹고 손톱을 기르고, 네일아트를 받으면 한동안은 만족스럽다. 전문가의 손길이 닿은 이후 예뻐지고 길어진 듯한 착각을 하게 된다. 하지만 며칠만 지나도 손톱아래 뭔가가 있는 듯한 불편함으로 애써 관리한 손톱을 뭉툭하게 잘라내버린다. 시원하고 개운하다!

어릴 땐 피아노를 치면 손이 길어질 수 있다는 낭설을 믿고 피아노를 열심히 배웠다. 긴 손가락으로 흰 건반과 검은 건반을 자유롭게 다니며, 원하는 곡을 연주하는 모습이 참 멋있어 보였다. 꼬맹이들이 다니는 동네 피아노학원에서 멋진 곡이라고 해봤자 고만고만했을 텐데도 함께 다니던 언니, 오빠들이 한 옥타브를 건너 손을 길게 뻗어 피아노 위 건반을 누르는 것을 보면서, 저렇게 연습하면 손가락이 길어질 수도 있겠다고 생각했다. 멋지게 연주하고 싶은 마음 반, 손가락이 길어지고 싶은 마음 반이었지만 굳이 고르라면 긴 손가락을 갖는 것에 더 욕심이 있었던 것 같다. 열심히 하지 않아서인지 피아노 치는 것만으로는 생각만큼 손가락 길이가 길어지지 않았다. 원하는 곡을 칠만큼 음악을 좋아하지 않았기에 이내 그만두었다.

가을이 되어 날이 쌀쌀해지면 엄마는 뜨개질을 하셨다. 긴 대바늘에 코를 만들고 한 가지 색상의 실로 목도리를 뜨셨다. 단순해 보이는데 만들어진 목도리는 단순하지 않았다. 모양 중간에 꼬임이 있기도 하고, 꼬임이 바뀌기도 했다. 마무리로 술을 달아주면 멋진 목도리가 되었다. 중간에 문양이 있는 스웨터를 뜰 때는 바늘 서 너 개가 겹치고 여러 가지 색 실이 함께 있어 옆에서 보는 것만으로도 혼란스러웠다. 그런데 언니는 엄마를 곧잘 따라했다. 언니에게만 좋은 손재주를 물려준 엄마한테 섭한 마음을 품기도 했다.

파리 이야기를 하다가 뜬금없이 손 이야기를 한 것은 파리로 들어온 게르만족의 손재주 이야기를 하기 위해서다.

파리로 들어온 게르만족은 건축보다는 손으로 만드는 공예에 재주가 뛰어났다. 화려한 디테일의 십자가, 성골함, 세밀한 조각이 돋보이는 촛대와 예배당의 화려한 장식의 출입문을 보면 수공예 솜씨가 얼마나 좋은지 놀라게 된다. 파리의 성당 중에서 특히 한땀한땀 장인의 솜씨가 돋보이는 성당을 꼽으라면 나는 주저없이 생샤펠을 이야기한다. 이 성당은 특별한 물건을 보관하기 위해 지었다.

성자가 된 왕

부자가 천국을 가는 것은 낙타가 바늘 귀를 통과하는 것보다 어렵다고들 한다. 그럼 권력도 있고 부자이기도 한 왕은? 프랑스 중세시대에 생루이(Sainte Louis)라는 왕이 있었다. 루이 9세! 성인을 의미하는 'sainte'이 붙은 왕이다.

중세 기독교 세계에서 최고의 보물은 예수가 흘린 피, '성혈'과 그의 몸이 직접 닿았던 가시관, 성의와 수의, 십자가 조각, 십자가에 손과 발을 고정했던 못, 로마 병사 롱기누스가 예수를 찌른 창날이다. 앞에서 이야기한 것처럼 일반 신도는 그리스도교를 위해 순교한 성인의 유골이나 유품에 성스런 치유력이 있다고 믿고 성스러운 유물을 접하기 위해 아주 먼 곳까지 순례를 떠났다. '성인' 칭호를 받은 왕, 루이 9세가 모은 성물은 가시면류관, 십자가, 성창의 파편으로 매우 귀중한 것들이다. 여기서 잠깐 이해를 돕기 위해 성물 가격을 건축비용과 비교해보자. 물론 성물에 가격을 매긴다는 게 옳은 일은 아니지만. 건물 하나를 짓는데 상당한 건축비가 필요하다. 중세에는 건축비는 물론 더 많은 시간도 필요했을 것이다. 루이 9세는 성당 건축비용의 3배가 넘는 비용을 지불하고 콘스탄티노플의 보두앵 2세로부터 가시면류관을 구입했다. 그리고 이 성물을 보관할 성당을 6년에 걸쳐 짓는다. 성 유물을 보관할 유물함인 샤스(Grand châsse)도 만들었는데 성당 건축비의 2.5배나 투자해야 했다.

아무리 충실한 신자라고 할지라도 진정 순수한 기독교적 목적만을 위해 성 유물을 비싼 가격에 사들이고 성당을 세웠을까? 기독교적 권위를 자신의 정치적 권위와 동일시하려는 이중

목적을 가지고 있지 않았을까? 사실 중세의 국왕들은 대체로 부정적인 이미지가 많은 편이어서 루이 9세의 행동이 긍정적으로만 보이지는 않았다. 루이 9세에 대해 조금 더 알아보자.

중세 말 프랑스인들 사이에서 이상적인 사회를 지칭하는 관용어구가 있었다. "그 좋았던 루이 9세 시절!" 중세 귀족사회에서는 가문의 명예, 증거 및 증인 부족 등 여러 이유로 사건의 두 당사자가 결투를 벌여 패한 자가 죄를 뒤집어쓰는 풍습이 있었다. 이것은 게르만에서 내려온 전통으로 힘으로 승부를 보는 것이다. 루이 9세는 이러한 '사적 전투'를 금지시키고, 무죄 추정의 원칙, 고문 완화, 지방 제후들의 재판권을 없애고 왕의 행정관이 하도록 단일화했다. 정의 실현, 관리들의 비리를 단속하고 국왕의 사법권을 확보하기 위해 노력한 왕이다. 또 소르본대학을 설립해 가난한 학생도 공부할 수 있도록 하고, 화폐 개혁도 단행했다. 게다가 수도사와 같은 금욕적인 생활까지 했다. 부유해져가는 성당에 대항해 루이 9세는 프란치스코회의 금욕과 청빈, 자선의 이상에 공감해, 식사에서 왕이 보여 줄 수 있는 최대한의 청빈과 금욕적 태도를 유지하고자 했다고 한다. 그는 매일 백 명이 넘는 빈민을 자신의 식탁으로 불러 식사를 제공하고, 매주 토요일에는 빈민의 발을 씻겨 주고, 심지어 직접 빈민구호소에서 나병환자를 돌보는 등 프랑스라는 공동체를 이끌어가는 성직자와 같은 생활을 한 중세가 바라던 '완벽한' 왕이었다. 덕분에 루이 9세는 성인의 반열에 오를 수 있었다.

성인 왕을 배출한 프랑스 왕국이야 말로 신성한 왕국이며 성지이며, 그곳에 사는 프랑스인들이야말로 신에 의해 선택받은 사람들이라는 정치적 상상력이 바로 루이 9세의 신화를 바탕으로 싹트게 된다. 루이 9세의 손자 필리프 4세가 이 신화를 더욱 구체화한다.

그런데 반대로 생각해보자. 강한 종교적 신념을 가진 루이 9세가 이교도들에게는 어떻게 했을까? 이교도들에게도 관대했을까? 믿음이 견고할수록 배타성이 강하다. 독실한 만큼 이교도에게는 자비가 없었다. 첫 표적은 유대인이었다.

그런데 루이 9세를 비롯해 유럽인들은 왜 그토록 오랜 기간 동안 유대인을 혐오했을까? 예수 그리스도가 십자가에 못 박히도록 고발한 이들이 유대인이며, 예수를 죽음에 빠뜨린 존재였기 때문이다. 1000년, 그리스도의 재림이 다가오는 새천년에는 신실한 기독교인만 존재해야 한다는 종말론이 대세였다. 예루살렘을 되찾자는 십자군 운동 역시, 유대인 학살을 촉발하는 기폭제였다. 흑사병과 같은 원인 모를 재앙을 두고 집권세력은 아주 쉬운 전략을 택했다. 특정 소수집단, 그러니까 유대인에게 화살을 돌렸다. 유대인이 우물에 독을 탔다는 근거 없는 소문은 수많은 목숨을 앗아갔다. 루이 9세의 유대인 혐오의 배경에는 오랜 역사적 맥락이 있다. 1269년, 루이 9세는 노란색 고리를 옷에 달지 않은 유대인은 공공장소에 나타나지 못하게 했다. 2차 세계대전 당시 나치가 자행한 홀로코스트와 다윗의 노란

별이 떠올랐다. 매춘을 금지하고 창녀는 지정된 장소에 가두었다. 화형장과 이단재판소를 설치하고 가혹한 종교재판을 시행, 이교도의 재산을 몰수하는 등 잔혹하게 박해했다. 혐오가 정치 및 종교와 만나면 비극이 벌어진다. 중세 유럽에서 나아갈 방향을 정하는 것은 군주이고 대중은 지지자였다.

이상적인 유물함

파리의 생샤펠(Sainte Chapelle)은 13세기 후반 고딕양식이 자리를 완전히 잡아갈 즈음에 지어졌다. 노트르담을 뒤로 하고 최고재판소 건물 안 삐죽 튀어나온 작은 고딕성당이 보인다. 지금 최고재판소로 사용하는 건물은 14세기에는 궁정이었다. 생샤펠에 들어가기 위해서는 최고재판소를 통과해야 하다 보니 뭔가 남의 집을 거쳐 들어가는 듯해 약간 잘못 들어간 느낌이 들지만 그곳이 맞다.

생샤펠은 뭐니뭐니해도 가장 아름다운 스테인드글라스 성당임에 틀림없다. 보고 나오는 사람마다 스테인드글라스가 최고라고 손을 치켜세우며 절대 후회하지 않는다고 말한다. 이곳은 기독교 세계에서 가장 값진 유물인 가시면류관, 십자가 조각, 창을 보관하는 거대한 스테인드글라스로 감싼 일종의 유물함이다. 중요한 물건을 잘 보관하기 위해 큰 유물함 같은 건물을 만

최고재판소 입구를 지나야 생샤펠성당에 들어갈 수 있다.

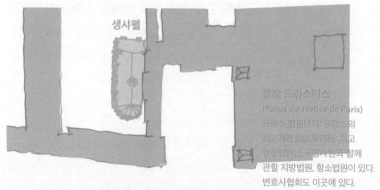

생샤펠

팔레 드쥐스티스
(Palais de Justice de Paris)
프랑스 법원단지: 프랑스의
최고재판소의 파기원, 최고
행정법원인 국참사원과 함께
관할 지방법원, 항소법원이 있다.
변호사협회도 이곳에 있다.

현재 최고재판소 건물 안쪽에 있다.

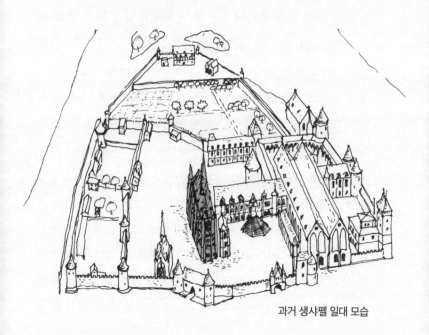

과거 생샤펠 일대 모습

들었다. 생샤펠은 왕실 전용 예배당이자 성물 보관건물이었으며 시테궁 남쪽 사제들의 교육을 담당한 대학의 성당이었다.

성당 자체는 아담하다. 외부 길이는 39.95m, 폭은 11.27m, 고딕건축 중 레요낭(Rayonnant) 양식의 성당이다. '레요낭'은 태양처럼 빛난다는 의미를 가지고 있는데, 후기 고딕건축 양식의 화려한 장식 경향을 상징한다. 생샤펠은 서양 건축사를 대표하는 가장 위대한 걸작품 중 하나이다. 중세의 독실한 신자들은 이 성당을 '천국으로 가는 입구'라고 표현할 정도였다.

성당은 2개 층으로 구성되어 있는데, 아래층과 위층은 분위기가 많이 다르다. 아래층 예배당은 낮고 위층에 비해 어둡다. 이곳은 왕족이 아닌 성당 관리인들이나 낮은 지위의 궁정직, 하인, 군인들이 사용했다. 아래쪽 예배당 안쪽에는 이 건물을 짓게 한 루이 9세의 동상이 있다. 기둥과 천장은 화려하게 장식되어 있다. 프랑스 왕가의 상징인 파란색과 금색의 백합문양이 새겨진 기둥과 루이 9세에게 종교적 신실함을 심어준 어머니의 가문 카스티야성의 문장으로 덮은 붉은기둥으로 빈틈없이 화려하게 장식되어 있고, 아치는 모두 금색으로 칠했다. 낮은 볼트 천장에는 두 가지 색으로 분리되었던 기둥의 색이 함께 어우러져 천장을 장식하고 백합꽃이 별처럼 장식되어 있다. 아래층도 작은 스테인드글라스로 촘촘히 장식되어 있다. 상부 예배당은 아래층의 좁은 계단을 타고 올라간다. 상층 예배당은 왕족이나 그들의 대리인만 갈 수 있다. 좁은 회전 계단을 따라 올라가면, 와! 하는 감탄사가 절로 나온다. 그 효과가 더 극적인 이유는 아래층의 낮은 공간과 좁은 회전계단의 작은 공간을 지나 갑자기 크고 밝은 공간이 나오기 때문이다. 실제 공간보다 더 크고 극적으로 느껴진다. 고개를 들어 천장을 자세히 보면 아래층 천장의 별은 백합 문양이었는데, 상층의 천장은 진짜 별 모양이다. 무슨 의미일까? 아래층은 지상의 왕국이라면, 위층은 천국이라는 의미를 천장의 장식 디테일로 강조했다. 그런데 왕족이 부푼 드레스를 입고 이 좁은 계단을 시녀들과 올라갈 수 있었을까? 말도 안 된다. 2층으로 올라가는 외부계단이 따로 있었다. 루이 10세 때 외부에 계단을 따로 만들었는데 화재로 몇 차례 소실되어 없어졌다.

작고, 높은 공간은 거대한 스테인드글라스 창문에서 쏟아져 내리는 충만한 빛과 15m 정도로 높이 솟은 가느다란 기둥들이 별모양으로 장식된 지붕까지 이어져 있는 장엄한 광경에 황홀해진다. 서쪽의 장미창을 제외하면 건물의 삼면을 스테인드글라스로 빽빽하게 채웠다. 창과 창 사이의 기둥도 모두 화려하게 장식했다. 기둥에는 12사도가 새겨 있다. 돌기둥으로 분리된 15개의 스테인드글라스 창 하나의 폭이 4.5m, 높이는 15.4m이다. 빨간색, 황금색, 초록색과 파란색의 화려한 색으로 성경의 출애굽기부터 에스겔과 욥, 다윗 및 열왕기의 장면을 시계방향으로 새겨 놓았다. 1,113개 성서의 내용을 새겨 놓았는데 창을 보는 것만으로도 성경을 읽는 것 같은 효과가 있다. 일부 스테별색 부분이 루이 10세 때 만든 상층으로 올라가는 계단이다.

유물함이 된 건물

인드글라스에서는 가시면류관과 성물을 얻게 된 경위를 묘사하는 그림도 볼 수 있다. 15세기 샤를 8세가 기증한 장미창에는 요한계시록의 내용이 새겨져 있다. 루이 9세는 성당을 완성하고 하루에 두 번씩 이곳에 와서 기도했다고 한다. 기도를 할 때마다 스테인드글라스를 통해 들어오는 성스러운 빛에 둘러싸여 신을 만났을 것 같다.

스테인드글라스를 구경하느라 정작 중요한 성물은 어디에 보관했는지 잠시 잊었다. 장미창 맞은 편에는 약 3m 높이의 제단이 있다. 제단 위에는 '발다친(Baldachin)'이라는 제단을 강조하는 구조물이 있다. 우리나라의 궁궐이나 대웅전의 닫집과 비슷하다. 왕이나 부처가 앉는 자리를 강조하는 역할을 한다. 발다친 아래에는 큰 아치가 있는데, 가시면류관을 든 천사조각이 있다. 이곳이 성물 궤의 자리였다는 것을 암시하는 조각이다.

성당 바깥에는 75m 높이의 첨탑이 있는데 19세기 중엽 나폴레옹 시대에 세운 것이지만 15미터의 쭉쭉 뻗은 스테인드글라스와 매우 잘 어울린다.

스테인드글라스를 위한 구조

유리는 현대건축에서 빼놓고 이야기할 수 없는 재료 중 하나이다. 유리를 창에 사용하는 것을 넘어 지금은 벽 자체가 되고 있다. 너무나 일상적이어서 우리는 유리라는 재료를 너무 당연하게 생각한다. 유리는 빛의 상태에 따라 미묘하게 반응한다. 사람이 보는 각도에 따라서 색과 투명도가 바뀌고 거리의 풍경이 반사되어 보이기도 한다. 유리는 빛이 있을 때 그 존재가 더욱 드러난다. 스테인드글라스는 빛을 반사하지 않고 오히려 굴절 투과시킴으로써 색채를 얻는 방식이다. 따라서 빛의 변화에 따라 색채 또한 끊임없이 변하게 된다. 스테인드글라스의 화려함은 빛을 통과했을 때 그 진가가 드러난다. 투명한 유리에 익숙했던 나는 스테인드글라스를 처음 보았을 때는 어둡고 답답해 보였다. 성당 외부에서 스테인드글라스를 볼 경우, 연결부분이 조각조각 끊겨있고 어둡고 내부가 보이지 않아 그저 종교 건물만을 위한 특별한 것이라고 생각했다.

스테인드글라스 공방을 처음 본 것은 리옹강변의 작은 아틀리에였다. 아틀리에의 진열장에는 반짝거리는 다양한 창과 각종 소품이 진열되어 있었다. 그때까지만 해도 스테인드글라스를 성당에서만 경험했기에 별로 매력을 못 느끼고 있었다. 학교 가는 길에 우연히 유리창 너머의 공방을 보았다. 아틀리에를 지나갈 때마다 보이는 것은 작가인 듯한 분이 하루도 쉬지 않고 다양한 색상의 유리를 가지고 작업을 하는 모습이었다. 지나면서 매일 보니 스테인드글라스를 만드는 순서를 대강 알 것 같았다. 도안을 그리고 유리칼로 신중하게 조각을 자르기도 하고. 한손에 쥐고 툭 자르는 게 냉동 초콜릿을 부러뜨리는 것 같아

쉬워보였는데 착각이었다. 적절한 힘과 테크닉이 필요한 작업이었다. 안료를 바르고 가마에서 굽고 납선을 홈에 끼워 하나하나 손으로 붙이는 인내가 필요한 작업이었다. 그 공방에서 가장 좋아한 부분은 한쪽 벽면을 가득 메운 각종 색깔의 유리였다. 100가지 색상 크레파스로 그림을 그리는 아이처럼 무언가를 만들고 싶은 욕망이 샘솟았다. 동시에 한땀한땀 만드는 작가의 손길을 보고 있으면 인내심과 특유의 다양한 색의 조합에 감탄하게 된다. 그 색유리판의 가격이 꽤 비싸다는 것은 나중에 알게 되었다.

중세에는 신의 모습을 빛으로 치환해 인식했다. 성당에 있는 스테인드글라스는 그 자체가 이야기를 전달하는 성경책이 되기도 하지만, 투과시키는 빛의 색에 따라 실내 분위기는 수시로 바뀐다. 성당에 앉아 있으면 내가 바깥 세상과 전혀 다른 곳에 있으며 빛으로 내려온 초월적인 신을 만나는 곳이라는 생각이 든다. 고딕 시기에 벽 전체를 유리로 꾸밀 수 있도록 트레이서리나 플라잉 버트레스 같은 건축기술이 등장하였기에 스테인드글라스는 고딕양식의 성당이나 12~13세기 성당의 창문에 완벽하게 구현될 수 있었다.

다시 생샤펠로 돌아오면, 생샤펠은 아래층과 위층의 높이 차가 꽤 큰 편이다. 아래층은 높이가 6.59m이며, 낮은 천장에 바짝 붙어서 아치가 만들어져 있다. 사용자의 지위가 낮아 층고도 낮게 한 것은 아니다. 덩치가 큰 위층 예배당을 받치는 역할

1층의 벽 두께와 2층의 벽 두께가 다르다.
2층은 최소한의 벽만으로 구조를 지탱하고 있다.

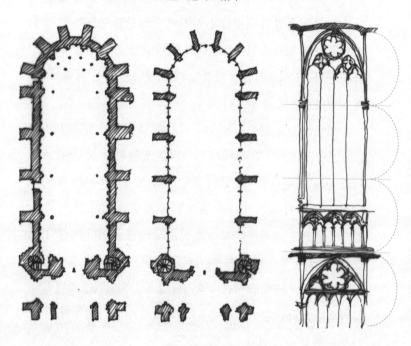

1층 평면도
(Plan du RDC)

2층 평면도
(Plan du 1er Etage)

단면도
1층과 2층은 3배정도
높이차가 난다.

유물함이 된 건물

을 하기 위해서이다.

도면에서 보면, 1층과 2층의 차이가 확연히 드러난다. 아래 층은 위층의 스테인드글라스를 받치기 위해 전체적으로 벽으로 막은 것을 볼 수 있다. 2층의 스테인드글라스는 통일감을 유지하면서도 모자이크처럼 여러 개의 조각을 이어 붙여 만든다. 스테인드글라스의 폭을 최대한 확보하기 위해 건축적 골격은 꼭 필요한 곳에만 집중시키고 최소화했다. 2층의 스테인드글라스를 떼고 보면 성당은 앙상한 가지 같은 골격만 남는다. 심지어 스테인드글라스도 유리부분을 넓히기 위해 분할 부재인 트레이서리를 최대한 가늘게 만들기도 했다.

서쪽 장미창은 레요낭 양식보다 더 화려한 플랑부아양(flam-boyant) 양식으로 서쪽 장미창은 안에서도 밖에서도 불꽃처럼 이글거리는 형상의 장식을 가지고 있다. 고딕의 화려함과 스테인드글라스의 절정을 보고 싶다면 여기 생샤펠이 단연 최고라 생각한다. 색유리를 통해 들어보는 빛의 오케스트라, 기둥과 천장의 다채롭고 화려한 장식 조각과 바닥의 모자이크 타일 그 어느 하나도 시선이 가지 않는 곳이 없다.

스테인드글라스는 다양한 안료를 넣어 가열하여 색유리를 만들어 내는데, 현재의 기술로 이렇게 만들어 내는 색유리는 2천 가지가 넘는다고 한다. 그러한 색유리에 빛의 밝기나 방향에 따라 그림자의 모양은 정말 다양하게 나타날 것이다. 일반적으로 물감은 색을 더할수록 진해지지만, 색유리는 여러 가지 색상의 빛을 섞으면, 가산혼합이 되어 점점 밝아진다. 색유리를 만드는 과정에서 재미있는 점은 안료의 색과 고온에서 구워낸 색유리의 색이 다르다는 점이다. 그래서 중세에는 스테인드글라스를 만드는 과정이 연금술이라고 여길 정도였다고 한다. 안료가 금속이나 금속산화물이라 고온에서 굽게 되면 금속이 산화하면서 정도에 따라 다양한 색이 나타난다. 귀금속인 금이나 은의 경우에 나노미터(nm) 수준의 작은 입자가 되었을 때, 입자의 크기에 따라서 같은 재료여도 색상이 다르게 나타날 수 있다. 그래서 스테인드글라스는 같은 재료로 다른 색의 색유리를 만들어 내는 신비로운 기술이다.

생샤펠에서 본 스테인드글라스는 종교적 색채를 강하게 띠고 있었지만 다양한 색상의 세계에 감동받았다. 세상은 다양한 사상과 다양한 사고, 다양한 종교를 가진 다양한 사람이 함께 산다. 스테인드글라스가 어떤 안료를 만나고, 어떠한 온도에서 구워지고, 어떤 빛을 어느 시간대에 받느냐에 따라 다채로운 색으로 표현되는 게 우리의 삶과 매우 비슷해 보인다. 오색찬란한 빛으로 가득한 그곳에서 다양성을 존중하고, 나는 어떤 색을 내고 싶은지, 그 색을 어떻게 만들 수 있을지, 인내와 끈기를 가지고 한땀한땀 유리를 오리고 붙이는 장인처럼 내 삶의 조각을 어떻게 만들어갈지 생각하며 생샤펠을 나왔다.

나오면서 생샤펠에 들어섰을 때 감탄사를 내뱉은 이유를 되새겨보았다. 화려한 스테인드글라스 때문이기도 하겠지만 다른 곳과 크게 다른 점은 공간의 비율이다. 우리의 일상 공간은 대부분 바닥과 벽의 비율이 1:1이다. 아파트 거실을 생각하면 쉽게 그려진다. 실내 공간의 비율이 1:2만 되어도 탁 트인 공간으로 생각하게 된다. 복층 공간에서 느끼는 정도의 공간감이다. 또 다른 성당인 샤르트르 대성당의 가로와 세로 비율은 1:2.6이다. 다른 성당에 비해 수직성이 강조된 경우이다. 주변에서 볼 수 있는 예식장이나 공연장에서 느낄 수 있는 비례와 유사하다. 생샤펠의 비율은 샤르트르 대성당보다 높은 1:3이나 된다. 루이 9세의 하늘을 향한 열망을 알 수 있다. 게다가 스테인드글라스 창이 3m 높이 이상에 있다. 시선을 잡아끄는 화려한 스테인드글라스 창이 눈높이보다 훨씬 높은 곳에 있고 실내의 폭이 좁으니 공간에 압도당하게 된다.

샤펠?

그런데 왜 다른 성당과 달리 생샤펠은 샤펠이라고 부를까? 명칭에 대해 잠깐 알아보고 가자.

샤펠(chapelle)은 2차 예배 장소를 말한다. 대학이나 감옥, 병원, 성과 같이 특정한 집단의 요구를 충족하기 위해 만들어진 예배 장소를 일컫는다. 샤펠은 교구 성당 역할을 하지는 않는다. 또 경치 좋은 멋진 장소를 여행하다 만나는 작은 예배당을 가르키는 말이기도 하다. 샤펠은 프랑스에서 유래한 말인데 메로빙거 왕은 마르탱(Martin) 성인의 망토를 귀한 성물로 여겨 이동할 때마다 늘 가지고 다녔다. 이 망토를 지키는 전속사제도 두었는데 이 사제를 '샤플랑(Chapelain)'이라고 불렀다. 샤플랑의 의미가 확장되어 성당 안 특정 성인을 기리는 성소를 샤펠이라고 했다. 베르사유궁 안에는 루이 14세가 만든 샤펠이 있다. 샤펠은 대성당, 교구성당, 바실리카에 비해 종교적 위계 면에서는 낮은 축에 속하는 건축물이지만 왕이나 영주가 궁전 안에 화려하게 지어서 눈에 띈다.

샤펠 이외에 성당을 구분하는 용어를 조금 더 들여다보자.

뮤지컬 〈노트르담 드파리〉 가운데 좋아하는 노래가 있다. "르 탕 데 카테드랄레~" 주지신부에게 납치당할 뻔한 에스메랄다를 구해준 거리의 시인 그랭구아르가 부르는 "대성당들의 노래". 여기에 나오는 것처럼 카테드랄(Cathedral)은 대성당, 그러니까 주교가 상주하는 대도시의 중심 성당을 말한다. 주교는 일정한 넓이의 지역을 감독 관리한다. 중요한 대도시에는 주교보다 한 등급 높은 대주교가 상주한다. 뮤지컬의 배경인 노트르담 성당 역시 대주교가 상주하는 대성당, 카테드랄이다.

카테드랄보다 한 단계 낮은 에글리즈가 있다. 우리말로 옮기면 교구성당(Église paroissiale)인데 소도시나 농촌지역에 있는 교회이다. 주교가 관리하는 대도시에서 소도시나 농촌 지역으로 장로나 집사를 파견해 일정 구역을 관리하게 하는데, 이 단위가 교구이다. 교구를 중심으로 교구 성당이 지어진다. 도시가 일정 규모 이상으로 확장되면 교구 성당 역시 추가된다. 그래서 한 도시에 여러 개의 에글리즈가 있는 경우도 있다.

그리고 건축사 책에 자주 등장하는 바실리카(basilica). 바실리카는 건축적인 의미와 카톨릭 성당에서의 의미가 조금 다르다. 로마시대에는 사람이 모이는 공공장소를 바실리카라고 하고, 그곳을 초기 기독교 예배당으로 사용했다. 종교적으로 바실리카는 교황이 부여하는 영예로운 지위이다. 교황청 성당인 성 베드로 성당이 바실리카이다. 프랑스에는 생드니 바실리카가 있다. 특별한 성물이 있거나 특별한 성인을 기리는 곳, 많은 순례객이 방문하는 수도원의 성당, 샤펠 등이 바실리카로 지정된다.

오뗄(hôtel)은
호텔(hotel)이
아니었다

오뗄?

처음 프랑스에 도착했을 때, 의아했던 단어 중 하나가 오뗄 (hôtel)이었다. 영어와 불어가 비슷할 것이라고 생각하고 그저 호텔이라고 지레짐작했다. 오뗄이라 불리는 건물은 대부분 화려해 보여 참 고풍스러운 호텔이 많이 있다 생각했다. 그런데 프랑스에 도착하고 일주일 정도 지났을 즈음 시청에 갈 일이 있어서 시청의 위치를 찾아봤는데 시청에 '오뗄 드빌(hôtel de ville)'이라고 표기된 것을 보았다. 오뗄이 호텔과는 다른 건가보네.

오뗄은 중세에 등장했다. 봉건시대 영주나 주교가 지방에 있는 자신의 성채를 도시로 옮겨와 도시에 맞게 변형한, 상류층의 고급주택이다. 지방도시와 달리 도심에서는 확보할 수 있는 땅도 작고 물가도 비싸다. 상류층은 자신의 경제 상황에 따라 집의 규모는 축소했지만, 생활방식은 그대로 옮겨왔다.

중세시대 귀족의 생활을 엿볼 수 있는 오뗄로 가보자. 많이 변형되긴 했지만 누구나 쉽게 들어가볼 수 있다.

수도회에서 파리에 저택을 지은 이유

앞에서 본 로마시대 목욕탕 뒤에 있는 클뤼니 오뗄(Hôtel de Cluny). 지금은 중세박물관으로 사용하고 있다. 클뤼니는 중세 프랑스의 가장 큰 수도회로 와인으로 유명한 부르고뉴 지방에 있다. 부르고뉴가 아닌 파리 한가운데에 클뤼니의 이름을 가진 건물이 있는 이유는 교황의 사절단이 방문을 하거나 대수도원장이 왕을 만나기 위해 파리에 왔을 때 거주하던 공간이자 손님을 접대하기 위한 공간으로 마련했기 때문이다. 지방의 권력층이 파리로 진출할 때 자신의 고향 이름을 넣어 사람들이 알기 쉽게 했다. 이곳은 클뤼니 수도회의 파리 진출을 알리며 1334년에 처음 지어졌고, 1470년 파괴되고 다시 지은 집이다. 클뤼니 오뗄이 지어진 시기는 고딕 양식이 프랑스 전역을 휩쓸던 때였다. 거대한 성당을 짓고 석공장들이 유럽 여러 나라에서 활약하며 고딕 양식을 전 유럽에 전파하고 있었다. 이탈리아의 르네상스 양식이 프랑스에 수입되기 전이었다.

수도회에서 도심에 저택을 짓는 이유는 대수도원장의 공적인 업무를 위한 것도 있지만 소속 수도사들과 방문객을 위해서였다. 중세에는 타지역으로 여행을 떠날 경우 먼저 그 지역에 친척이나 친구, 안면이 있는 이에게 여행 기간 동안 당신의 집에 머물러도 되는지 묻는 편지를 보낸다. 당시에는 대개 집을 떠나면 그 지역에 있는 친지나 친구의 집에서 잠자리를 해결했다. 그러지 못한 경우에는 여관에서 숙박했다. 여관 이용자의 20~30%가 상인이었다. 비교적 좋은 시설을 갖춘 여관에는 성직자, 행정이나 사법 관련 일로 타지를 가야 하는 사법관·행정관 같은 관료들이 주로 묵었다. 단골이거나 돈이 많은 여행자는 여관에서 독실을 사용할 수 있지만 대부분의 사람은 공동침실을 사용해야 했다. 그래서 도난, 각종 사고, 싸움이 빈번하게 발생했다.

이런 상황이니 지역 수도회에서는 대도시에 자신들이 안전하게 머물 수 있는 저택이 필요했다. 저택은 클뤼니 수도회의 권위를 드러내면서도 수도사나 방문객이 편히 머물 수 있는 공간이어야 하고 명망 있는 수도회의 저택이니 다른 수도회나 귀족들의 시선도 신경 써서 지어야 했다.

클뤼니 오뗄

클뤼니 오뗄의 입구는 멀리서 보면 성벽처럼 보인다. 담장 너머로 오른쪽에 탑이 삐죽이 올라와 있어 성채처럼 보이기도 한다. 클뤼니 오뗄이 만들어지던 때는 방어기지로서 성채의 기능이 약화된 시기였다. 전쟁의 주 무기가 화약과 대포로 교체되면서 성채로 대포의 파괴력을 막아낼 수는 없었기 때문이다. 그럼에도 성벽 형태를 사용한 이유는 고위층이 좋아하는 성채의 강인한 방어 이미지와 독립적인 공간의 느낌을 드러내고 싶어서이다. 계단탑 역시 중세 성채에서 가져온 상징이다. 탑과 성벽은 지배 계층의 욕망을 드러내는 상징적 요소이다. 주거지임을 암시하는 장치로 박공지붕을 올렸다.

클뤼니 오텔 전경

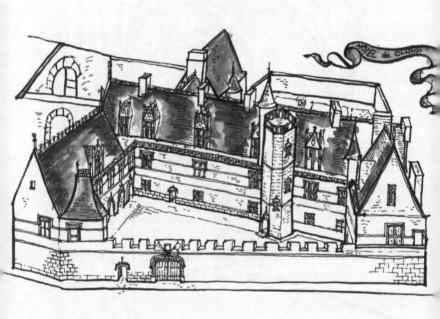

정문을 지나면 안마당(Cour d'Honneur)이 나온다. 첨두아치로 장식된 회랑이 눈을 사로잡는다. 밖에서 보면 요새처럼 방어적인 이미지가 강했는데 내부로 들어오니 안락한 느낌이다. 안마당에서 보이는 아치와 창의 장식은 좀 과하게 화려해 보인다. 뾰족한 첨두아치는 더 뾰족하고 주변에 장식이 붙어있다. 아치는 뭔가 이전에 보던 것과 달리 머리장식이 너무 커져서, 짓누르는 듯한 느낌이 든다. 이것은 비례를 잘못 만든 것이 아니라 후기 고딕양식 가운데 하나인 플랑부아양 양식이라고 한다. 생샤펠의 장미창은 레요낭 양식이라고 했는데 그보다 한 단계 더 화려한 양식이다. 레요낭, 플랑부아양 모두 고딕이 끝나가는 시기에 나온 양식이다. 비슷해보이지만 시작점은 매우 다르다. 레요낭 양식이 내부를 밝게 하기 위해 구조를 최소화하고 빛을 더 받아들이기 위해 만들어진 장식어휘라면, 플랑부아양 양식은 처음부터 장식 그 자체가 목적이었다. 장식이 과하다 보니, 가채를 높게 틀어 머리를 가누기 힘들어한 조선시대 여인처럼, 구조적인 부분과는 관계없이 과도한 장식으로 문과 기둥이 장식 무게에 짓눌리는 인상을 피할 수 없다.

사실 이 두 양식은 프랑스와 영국 사이에 '원조논쟁'이 있다. 백년전쟁 이후에 나타난 양식이기 때문이다. 한쪽은 레요낭 양식이 자연스럽게 분화되어 발전했다는 주장(영국)과 플랑부아양 양식과 영국의 장식 경향이 모두 레요낭 양식에서 갈라져 나왔다는 주장(프랑스)은 '누가 누구에게 영향을 받았느냐?'라는

레요낭(Rayonnant) 양식
태양이 이글 거리는 것 같다.

플랑부아양(Flamboyant)스타일
불꽃이 타는 것 같다.

문제로 쉽게 결론을 내리기 어려운 논쟁이다.

클뤼니 오뗄의 작은 예배당에서 화려함의 극치를 볼 수 있다. 정교한 둥근 천장은 하나의 가느다란 기둥에서 뻗어, 회전하며 나아가듯 공중에서 교차한다. 가운데 기둥 하나가 이 화려함을 담은 모든 것을 지탱한다. 구조 리브 사이사이에 있는 섬세한 장식은 흐르는 듯한 것이 물결 같기도 하고, 식물의 구부러진 잎사귀 같기도 하다. 돌을 어쩜 저렇게 자유자재로 다루었는지 석공의 솜씨에 절로 감탄이 나온다.

박물관을 거닐다 보면 다양한 종교적인 전시물은 물론 철거된 성당에서 가져온 스테인드글라스, 상아로 만든 조각품… 화려하고 다양한 전시물이 시선을 끈다. 그 중에 이곳저곳에서 정교하게 장식된 나무상자, 투박한 상자 등 전시품에 유달리 상자가 많이 있는데 그저 '상자'라고만 설명되어 있다. 성상도 케이스와 성상이 일체화되어 만들어졌다. 성상을 보관하는 상자 안에는 마리아를 비롯한 다양한 성인 조각상이 있다. 내부는 화려하게 장식한 반면 외부는 소박하게 만들어 상자를 열어 보아야 얼마나 화려하고 섬세한지 확인할 수 있다. 상자와 접이형 성상! 이것은 '이동'을 목적에 두고 만들었다는 것을 알게 해 준다. 상자와 성물보관함을 자세히 보면 손잡이가 달린 것도 있고, 자물쇠가 있는 것도 있다. 나무와 철물로 장식한 튼튼한 여행용 함을 만들어 보석이나 옷, 서류 같은 것을 분류해 놓았다가 이동할 때 통째로 그대로 들고 이동했을 것으로 짐작된다.

당시에 왕족과 귀족은 여러 가지 이유로 이동했는데, 이동할 때마다 소지품을 모두 가지고 이동했다. 가구나 집기를 두고 집을 비웠다 몇 달 후 다시 돌아왔을 때 그대로 있으리란 보장이 크지 않던 시대였다.

전시관 마지막 층에는 중세의 모나리자라고 불리는 작품이 있다. 혹자는 클뤼니 박물관에서 한 가지만 봐야 한다면 이것을 꼭 봐야 한다고 했다. 바로 '레이디와 유니콘 태피스트리'이다. 1511년에 만들어진 이 태피스트리 시리즈는 클뤼니 박물관 꼭대기층 원형의 방에 전시되어 있다. 태피스트리의 주인공들이 제각기 다른 시선으로 관람객을 맞이하는 것도 흥미롭지만, 전시된 방식이 더 좋았다. 창을 닫아 조금 어두운 방에서 희미한 조명에 의지해 태피스트리를 보고 있으면 중세의 어느 방에 들어와 있는 듯한 기분이 든다.

전시실 가운데 몇몇 공간의 천장은 나무 들보가 노출되어 있다. 14~15세기에 건축된 프랑스 성이나 시골집을 개조한 호텔에 가면 이렇게 대들보와 들보가 드러나는 천장을 볼 수 있다. 클뤼니 전시관의 들보는 문양으로 우아하게 장식했다. 화려한 색으로 장식한 우리의 단청과 이곳의 들보장식이 묘하게 겹쳐진다.

오뗄의 특징 중 하나가 시골 저택의 안뜰을 도심의 주택에서 재현했다는 점이다. 이곳의 경우 로마유적지 위 비정형 땅에 지어서 지방 저택의 요소는 가지고 있지만 전형적인 오뗄의 모습

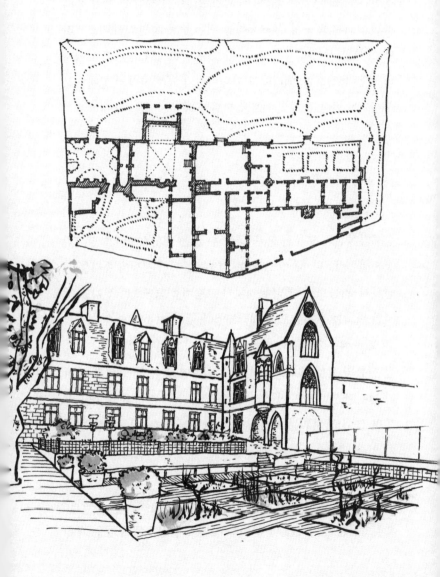

에서는 살짝 비켜나 있는데 안뜰이 건물 뒤에 있다. 클뤼니의 정원은 대표적인 전시품인 태피스트리에서 영감을 받아 중세 정원을 테마로 구성했다. 휴식을 위한 전용 정원과 태피스트리에 묘사된, 세이지, 우슬초, 쑥이 있는 약초정원, 제비꽃 데이지가 있는 천상정원, 백리향과 카네이션이 있는 사랑의 정원으로 구성되어 있다. 중세의 허브를 직접 만나볼 수 있는 정원이다.

중세의 침실

중세박물관의 보물인 붉은 꽃을 수 놓은 태피스트리는 당시의 결혼선물이었다. 태피스트리는 결혼선물이나 전쟁의 승리를 기념하며, 기록으로 남기며, 액자나 그림처럼 벽에 걸어두기도 하지만 원래는 보온용으로 제작되었다. 돌로 지은 주택은 지금처럼 푹푹 찌는 한여름에도 실내는 서늘하고 시원했다. 지금도 유럽 여름의 한낮 땡볕으로 힘들고 지치면 돌 건물 안으로 들어가 잠시만 있으면 땀이 식는다. 반면 돌 건물은 가을이 되어 바람만 불어도 내부는 차가워진다. 겨울의 냉기는 더 말할 필요가 없다. 중세인들에게 겨울 추위는 매우 혹독했다. 베르사이유 궁전에서는 추운 겨울 포도주가 얼었다고 한다. 또 서재에 있던 잉크가 얼 정도였으니 상상만으로도 오싹하다. 겉보기엔 으리으리한 성이지만 나무 덧문 사이로 들어오는 차가운 겨울

바람은 벽난로가 있더라도 견디기 힘들었다. 벽에서 나오는 냉기를 조금이라도 막기 위해 벽에 태피스트리를 걸었다. 추위를 견디기 위해 당시 사람들은 지위고하를 막론하고 벽난로가 있는 방에서 함께 잤다.

중세 초기에는 거실과 침실의 구분이 명확하지 않았다. 어떤 특정한 용도에 의해 방이 구분된 것이 아니라 사는 사람의 욕구나 필요에 의해 정해졌다. 그러다 중세 말기가 되면서 침실과 거실 겸 식당 공간이 구분되었다. 중세 말기에 지어진 클뤼니 오뗄은 침실, 거실 겸 식당 공간이 구분되어 있다. 침실에서 가장 중요한 가구는 침대이다. 중세의 침대는 네 기둥을 두고 침대 주변에 천을 늘어뜨렸다. 석조저택 겨울의 혹독한 추위를 견디게 해주고 외풍을 막는 천이 달린 침대는 생존을 위한 필수 요소였다. 게다가 다른 사람의 시선을 차단하는 역할도 했으니 금상첨화였다.

중세를 지나 16~17세기가 되면 침대는 과시용 가구가 되었다. 한쪽 벽에 붙이지 않고 방에 들어오는 모든 사람이 볼 수 있게 방 중앙에 두었다. 당연히 노출되는 사면 기둥을 섬세하게 조각하고 흑단이나 상아, 사슴뿔, 은과 같은 고급 소재로 문양을 만들어 넣기도 했다. 이렇게 방 한가운데에서 대우를 받던 침대는 17세기 중후반이 되면서 방의 중심이 아니라 벽에 붙여 두는 가구로 바뀌었다. 벽 한쪽에 침대를 배치하였을 때 사면의 기둥은 더 이상 과시하는 기둥이 아닌, 오히려 시야를 가로

막는 답답한 구조물로 인식되어 점점 자취를 감추었다.

풍텐블로 성이나 여타 다른 박물관에서 19세기 이전의 침대를 보면 좀 짧다고 느낀 적이 있을 것이다. '당시 사람의 평균키가 작았나?' 의심도 해보았지만 나폴레옹 시기의 프랑스인 평균 신장이 164cm 정도였으니, 그렇게 작은 것은 아니었다. 그런데 왜 침대가 작았을까?

침대가 작은 이유는 수면 습관 때문이다. 당시에는 상반신을 비스듬히 걸친 채로 기대어 잠을 잤다. 현대인처럼 머리를 대고 자는 자세는 '죽음'을 의미했다.

시립박물관이 된 오뗄

중정에 면한 집

6년간 프랑스에서 지내면서 다양한 집에서 살았다. 광장에 면한 집, 중정에 면한 집, 파리의 현대식 아파트…. 건축 전공 수업 실습같았다. 중정에 면한 집은 대체로 건물 안에 작은 정원이 있다. 한 건물에 여러 세대가 거주하며 아래 위, 맞은편으로 각 세대의 창이 마주하게 된다. 언뜻 생각하면 '프라이버시' 문제가 있을 것처럼 보이지만 나는 오히려 안전하고 친근하다고 생각했다.

200년 된 집에서 지낸 적도 있었다. 지역문화재로 등록되어 있는 5층 주택이었다. 복도에 벽장으로 사용하는 작은 문들이 있는데, 벽지와 몰딩이 하나로 되어 있어 자세히 보지 않으면 문으로 보이지 않았다. 이 집에 처음 갔을 때 이 문이 가장 먼저 눈에 들어왔다. 첩보영화에 나오는 '비밀의 문'처럼 보였다. 저 문을 열면 은밀한 무언가가 숨어 있을 것만 같은. 내가 사용하던 방에는 나폴레옹 3세 시대풍의 편지용 책상이 있었는데, 그 수려한 곡선은 방의 긴 창문과 매우 잘 어울렸다. 창문 너머 몇 미터 떨어져 있는 다른 집의 창턱에 놓인 화분이 정겨웠다. 어느 집인지는 모르지만 바람에 부딪치는 풍경소리가 공간을 채우고 있었다. 걸을 때마다 삐걱거리는 나무복도와 거실, 불편한 화장실과 분명히 물을 사거나 장을 보면 어김없이 무거운 짐을 들고 3개 층을 걸어서 올라와야 할 것이라는 것을 알고 있음에도 멋진 벽난로 장식과 긴 창문, 작지만 기품 있는 책상을 거부할 수 없었다.

매일 중정과 맞닿은 창 앞에서 우유를 넣은 아침 커피와 크로와상을 먹고 하루를 시작하곤 했다. 중정은 삶의 이야기 그 자체였다. 반복적이지만, 지루하지 않은 풍경이었다. 맞은편 대각선 윗집에서 들리는 학교에 늦겠다는 엄마의 독촉 소리, 저녁에 들리는 1층 무용 학원의 음악 소리, 낮에 있었던 일을 시시콜콜 이야기하는 꼬마의 재잘거리는 소리, 바게뜨를 자전거 가방에 쑤셔 넣고 매일 정해진 시간에 들어오는 우리 건물의 정각 청년… 어쩌다 우연히 맞은편 집 꼬마를 만나면, 안부를 시작으로 수다를 떤다. 우리는 그렇게 느슨한 관계를 유지하며 지냈다. 거리의 소음에서 벗어나 중정 안으로 들어서면서부터 우리 건물 거주자들의 이야기가 펼쳐진다.

왕의 필지 분양

마레지구는 파리에서 인기 있는 지역 중 하나이다. 고풍스러운 집, 좁은 돌길, 힙한 가게가 즐비한 매우 재미있는 곳이다. 마레지구에는 샹젤리제같은 대로나 공원이 없다. 19세기 오스만의 재개발 계획에서 비껴간 지역으로 골목이 미로처럼 서로 엉켜 있다. 파리는 오스만의 재개발로 방사형 도시로 크게 바뀌었다.

그런데 어쩌다가 마레지구는 파리를 뒤흔든 19세기의 재개발에서 제외됐을까? 귀족들이 살던 고급주택가, 귀족의 오뗄이 모여 있는 동네이기 때문이다. 어쩌다 귀족들은 마레지구에 모여 살게 되었을까?

프랑수아 1세(François d'Angoulême)는 역대 어느 왕보다 권력욕이 강하면서 세련된 문화를 추구한 왕으로 당시 유행하던 르네상스 건축을 프랑스에 알린 이로 알려져 있다. 실은 그 이상이다. 단지 르네상스 양식을 프랑스에 알린 것이 아니라 프랑스 르네상스 스타일을 만든 사람이며, 건축을 사랑한 왕이다. 재위기간 내내 건축과 함께 했다.

당시 귀족들은 파리에 오뗄 짓는 것을 자신의 부와 권력을 드러내는 수단으로 삼았다. 오뗄 규모의 제한이 없었으니 누구보다 멋지고 화려하게 지으려고 온갖 노력을 기울였다. 그러나 프랑수아 1세는 이 상황이 마음에 들지 않았다. 왕의 권력을 공고히해야 하는 프랑수아 1세로서는 귀족들의 오뗄의 규모가 작을수록 좋았다. 파리 시내 곳곳 왕실 소유의 빈 땅을 바라보며 깊은 생각에 잠겼다. 젊은시절 레오나르도 다빈치와 이상도시를 이야기하고, 자신의 다양한 성을 건축가들이 그리고 짓는 과정을 보면서, 건축에 대한 안목을 높여왔다. 그는 왕실의 대지를 귀족들에게 분양해 그 땅에 오뗄을 짓게 할 계획을 세운다. 앞면이 좁고 뒤로 길이가 길도록 필지를 긴 직사각형 형태로 반듯하게 잘랐다. 그 어떤 사람이 오뗄을 짓더라도 대지의 크기가 정해져 있으니 그 범위 안에서 지을 수밖에 없게 했다. 오뗄의 크기를 대지 크기로 조정할 계획을 세운 것이다. 게다가 중세 분위기를 가진 파리의 도시경관을 르네상스 스타일로 바꾸기 위해서는 도로에 맞닿는 정면이 통일이 되어야 할 필요가 있었다. 도로에 접하는 부분의 대지분할을 동일하게 할 경우, 갤러리와 같은 입면을 가질 수 있을 것 같다는 상상을 하며 필지분할을 했을 것이다. 이미 자신의 궁전은 여러 번 건축한 경험이 있지만, 필지를 분할해 분양하는 것은 처음이기에 파리 오뗄의 경관에 대한 청사진을 그리며 필지를 분할했을지도 모르겠다.

이후 프랑수아 1세는 1543년 택지분할 크기를 규제하는 도시건축법을 공표했다. 왕실의 이러한 택지분할사업을 바라보던 또 다른 세력이 있었으니, 그것은 성당이었다. 당시 마레지역에는 성카레린 성당 소유의 습지와 시장이 있었는데 성당은 이 두 곳의 땅을 상류층에 팔기로 했다. 이미 성당은 소유한 여러 채의 주택을 세놓아 수입을 올리고 있었기에 부동산의 효과에 대해 잘 알고 있었다. 성당위원회, 전문가그룹과 함께 필지구획을 했다. 사각형으로 잘 정리한 59개의 필지를 확보하고 성당은 분양사업을 시작했다. 현재 카르나발레 박물관으로 사용하고 있는 오뗄이 이 필지 중 하나를 분양받아 지은 집이다. 분양받은 사람은 자크 데리넬리(Jacques des Ligneris). 그는 5필지를 분양받아 고급 오뗄을 지었다. 필지 분양의 인기는 폭발적이었다. 석 달만에 약 90%가 팔렸다.

그런데 재미있는 것은 프랑수아 1세는 오뗄의 규모를 줄여 저택으로 자신의 권세를 과시하려는 것을 방지하려고 필지를 잘게 분할해 분양한건데 귀족들은 그것을 다른 방식으로 이용해 오히려 오뗄의 규모를 키웠다. 한 필지씩 구입한 것이 아니라 2~5개 필지를 묶어서 구입해 다시 붙이는 합필을 한 것이다. 프랑수아 1세는 귀족의 오뗄 규모를 줄이고 싶었지만, 오히려 규모가 커진 것이다. 현재 파리역사박물관으로 사용하고 있는 집의 원주인은 파리시의회 의장으로 그도 5필지를 분양받았다. 총 690평이다. 귀족 한 명당 약 130여 평이면 적당할 것이라는 프랑수아 1세의 도시건축법은 오히려 귀족들의 과시욕에 불을 당겨 더 많은 필지를 구입해 더 넓고, 더 화려하게 오뗄을 짓는 건축경쟁체제에 돌입하게 되었다. 지나친 경쟁으로 건물을 짓다가 파산하는 경우도 발생했다.

짧은 시기에 왕실의 필지분할과 성당의 필지분할, 두 부동산 사업이 시기가 맞물리면서 파리에서는 오뗄 건설 붐이 일었다. 건축가가 설계하기보다는 부동산 개발업자나 시공업자가 오뗄을 짓기 시작했다. 이러한 사정으로 실제로 16세기에 지은 오뗄은 문화재적 가치가 없다는 평가를 받고 대부분 철거되었다.

남자의 공간

마레지구는 13세기부터 17세기 당대를 풍미한 귀족들이 선택한 동네였다. 마레라는 지역 자체가 파리의 역사를 발견하며 산책하는 재미도 있지만, 그곳에 있는 파리 역사박물관에 가보자. 프랑스어를 알지 못해도 시대별로 일목요연하게 정리되어 있는 박물관의 전시를 보고나면 파리를 더 잘 이해할 수 있게 될 것이다. 파리 역사박물관인 카르나발레 박물관(Musée Carnavalet Histoire de Paris), 오뗄 리넬리(Hôtel des Ligneris)가 우리가 함께 갈 집이다. 입장료도 무료이다. 전시물 하나하나가 모두 흥미롭지만, 귀족의 오뗄이었던 건물을 자세히 살펴보자. 이 집은 르네상스의 향기가 한창 피어오르던 16세기에 지어졌다. 방과 방을 오가며 창 밖 풍경도 보고 정원을 산책하면 파리의 다양한 시대를 맛볼 수 있을 것이다.

먼저 정문. 정문이야말로 어떤 오뗄인지 드러내는 가장 중요한 요소이다. 일부러 돌의 표면을 거칠게 마감한 아치와 벽체는 희미하게 남은 중세 성채의 상징적 이미지만을 반영하는 느낌이다. 르네상스라는 시대에 발맞추어 오뗄의 정면은 규칙적이고, 이탈리아의 고전적인 어휘와 화려한 장식으로 치장했다. 프랑수아 1세가 루브르 설계를 맡겼던 피에르 레스코(Pierre Lescot)가 부분적으로 관여 했지만, 정문 출입구만 그의 작품이고 집 전체를 설계한 건축가는 알려져 있지 않다. 이제 안마당

으로 간다. 정면에 루이 14세 동상이 있다. 당연히 집이 지어질 당시에는 없던 동상이다. 오뗄 리넬리는 오랜 시간이 흐른 만큼 너무나도 많이 변했기에 원형을 이야기하는 것보다 과거의 도면을 보면서 오뗄에서 살았던 사람들의 생활을 추적해 보자. 원 공간을 살펴보기 위해 도면을 찾았는데, 1789년의 것이다. 18세기 오뗄의 구성, 즉 16세기를 거쳐 오뗄의 완성형이 나오는 시기의 것임을 감안해야 한다.

나는 이렇게 도면으로 공간에 살던 사람들의 삶을 추적하는 걸 '탐정 놀이'라고 부른다.

처음 대학에서 학생들을 가르칠 때, 더 재미있고 즐겁게 가르칠 방법을 고민하다가 만들어낸 수업 방식이다. 사실 내가 배운 일방향 강의 방식은 지금의 학생들에게 맞지 않는다. 학생들의 눈높이에 다가가는 길을 찾으려 했다. 가능하면 학교를 졸업하고 어떤 일을 하더라도 '건축은 즐거워!'라는 생각을 가지게 되기를 바랐다. 건축과에 처음 들어온 학생들이 갑작스레 다른 이의 삶에 공감하며, 공간을 설계하는 방법을 배우는 것은 쉽지 않다. 도면 보는 법, 그리는 법, 디자인 등 배워야 할 것이 많다. 게다가 건축은 수학처럼 정확하게 딱 맞아 떨어지는 정답이 있는 것이 아니어서, 상황에 따라 창의력과 공감력을 발휘해 사용자를 고려한 공간을 창조하는 일이다. 학생 스스로 즐거워야 수업도 흥이 난다. 처음 건축을 시작하는 학생들과 도면을 보면서 건축가의 성격이나 직업을 맞추어보는 게임 같은 수업

오뗄 카르나발레, 1890

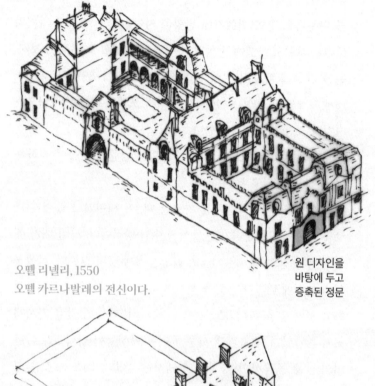

오뗄 리넬리, 1550
오뗄 카르나발레의 전신이다.

원 디자인을
바탕에 두고
증축된 정문

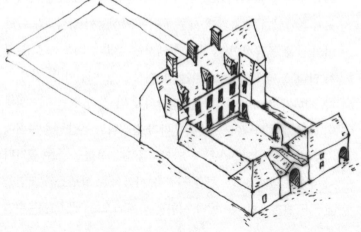

을 하곤 했다. 바로 탐정 놀이!

안마당에 들어서면 사면이 벽으로 둘러싸여 있다. 옛날 이곳은 남자의 공간이었다. 오른쪽은 지금으로 따지면, 차고로 마차와 말이 있는 마구간이었다. 말이 주요 교통수단이 되면서 말을 돌보고 키우는 일이 매우 중요해졌는데, 마구간 이외에도 건초 보관소, 마차 대기 공간, 기타 서비스 공간이 많이 필요했다. 자연스럽게 마구간 주변에 들어가는 방은 하인이나 집안 일꾼들이 사용하는 시설이 되었다. 마구간과 마차 창고 근처에는 하인들이 일하는 주방, 식품창고와 같은 이 집의 서비스를 위한 기능들이 있으며, 하인들의 침실은 도로 쪽으로 나기도 하고 갤러리에 들어가기도 했다. 마구간 옆에는 마부의 침실이 있어 가까이에서 말을 돌볼 수 있었다. 오른쪽 측랑에는 집주인의 활동을 보좌하는 사무시설이 있었다. 귀족의 가족 구성원은 대가족이었다. 귀족의 직계뿐만이 아니라 이들을 도와 줄 보좌집사, 하인, 하녀, 요리사, 마부 등 다양한 구성원이 있었기에 집의 규모는 클 수밖에 없었다.

1층에는 하인을 위한 공간과 주인을 위한 공간이 있었다. 대문을 뒤로 하고 전면의 일자 공간이 외부에서 손님이 오면 맞이하는 공간이다. 우리의 전통 주택구성으로 보면 사랑채 같은 곳이다. 말이나 마차를 타고 손님이 오면 남자 손님은 바깥주인의 공간으로 가게 된다. 바깥주인의 공간은 손님이 방문을 하면 거치게 되는 대기실, 응접실, 연회용 식당, 바깥주인의 서재 등

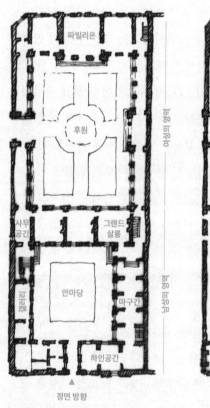

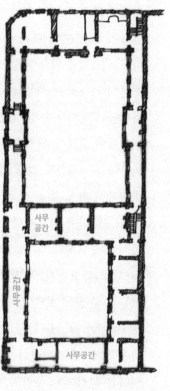

1층 평면도
(Plan du Rez-de-Chaussée)

2층 평면도
(Plan du 1er étage)

으로 이루어졌는데 자신의 지위를 과시하기 위한 공간이다.

중앙계단은 중앙에 두지 않고, ㄱ자로 꺾이는 지점에 두었으며, 계단은 화려하게 장식했다. 오뗄의 규모가 작은 경우를 제외하고 계단은 대부분 대칭으로 배치했다. 중세의 좁은 나선형 형태의 계단을 계속 유지했는데, 조형성이 상류층의 취향에 잘 맞았다. 후에 바로크 시대에는 이 나선형 계단은 건설 기술을 뽐내는 장인들의 경연장이 될 정도였다.

부엌은 입구 쪽에 있고 음식을 나르려면 건물 끝까지 가야하는데, 삶이 너무 불편한 것 아닐까라고 생각할 수 있지만, 하녀와 시종을 고용하는 당시의 삶의 시스템에서 서비스 동선은 고용인들의 이동 동선일 뿐이다. 집주인과 그의 귀족친구들의 동선과는 겹치지 않았다. 음식을 나르고 각 방마다 세탁물을 가지고 이동하고, 청소하는 수고는 하인의 몫이며, 주인들은 자신들이 사용하는 공간과 손님이 방문하는 살롱공간의 프라이버시가 더 중요했다. 그런데 이동거리의 불편함보다 냄새가 더 힘들었을 것 같다. 마구간과 주방이 가까이 있어서 분명 안마당에서는 말똥냄새와 요리냄새가 섞였을 것이다. 냄새에 적응이 되었다고 하더라도 냄새의 영향을 받지 않을 방 배치는 설계 당시 고려할 사항이었을 것이다.

2층은 남자주인의 개인 공간이다. 도면에는 2층 전체가 사무용공간으로 표현되어 있는데 그들의 삶을 모르는 외국인에게 조금은 불친절한 도면이다. 그래도 도면은 내가 공간 안으로 들어가 상상하며 산책할 수 있게 도와주는 훌륭한 매개체이다. 책에서 본 글과 그림을 상기하며 장면을 맞춰보자. 본채 위에는 남자 주인의 침실, 서재, 소형 사무실 등이 있고 측랑 한쪽에는 자녀들의 침실이 있었다. 프랑스의 귀족문화 중 특이한 것이 있는데, 상류층일수록 아주 가까운 자신의 측근은 침실에서 면담을 하거나 공적 업무를 보는 전통이 있었다. 아마도 이것은 오랜 기간 동안 해온 중세 침실의 공적인 기능이 연장되어 전통으로 남은 것은 아닐까 한다.

어떤 오뗄이나 성은 1층과 2층 모두에 침실이 있는 경우가 있다. 방문객에 따라 어떤 손님은 그랜드 살롱에서, 어떤 손님은 대기실에서 대기하다가 집사만 만나고 돌아가기도 하고, 어떤 이는 1층 공적인 용도의 침실에서 귀족남자 주인을 만나, 돈이 되는 사업이야기나 정치에서 입지를 어떻게 다질지 대화를 했을 것이다. 2층에 있는 침실은 이 집의 남자 주인이 조용히 쉬고 싶을 때 사용하는 사적인 곳이었다.

여자의 공간

남성의 공간 건너편으로 멋진 안뜰이 보인다. 전면이 남자의 공간이었다면, 정원을 포함한 후면은 여성을 위한 공간이다. 일반 서민 주택에서는 손님이 올 경우 사용하는 공간과 사생활이 구

중세박물관인 오뗄 클뤼니에서 발견할 수 있는
중세형식의 나무 천장

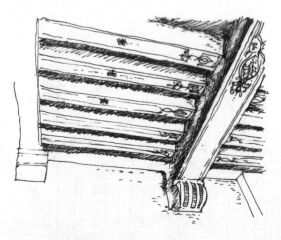

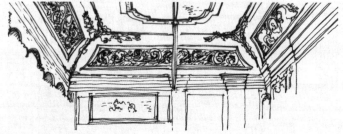

18세기 바로크 양식의
다양한 천장을 볼 수 있다.

바로크형 천장이나 가구에서
볼 수 있는 잎사귀 장식

분되어 있지 않지만, 신분이 높은 상류층의 거실은 대기실이 구분되어 있고, 방은 잠을 자기 위한 공간과 공적인 일을 하기 위한 방으로 나뉘어져 있었으며, 신분이 더 높을 경우에는 부부가 각자 자신의 방을 몇 개씩 가지고 있었다. 예를 들어 1400년경 샤를 6세의 왕비인 이자보 드바비에르(Isabeau de Bavière)는 생폴 궁전에 쭉 길게 붙어 있는 방들을 가지고 있었는데, 왕비의 거실은 길이 9m에 폭 8m였으며, 드레스실 하나, 크고 작은 화장실이 하나씩, 길이 48m가 되는 크고 긴 갤러리와 작은 예배당 하나로 이루어지는 왕비의 전용공간이 따로 구성되어 있었다.

오뗄에서 여성의 공간 역시 남성의 공간처럼 1층에 손님을 맞이하는 접객의 기능을 가진 공간이 있고, 2층에 침실, 화장실, 옷방, 파우더룸과 같은 개인 공간이 있었다. 안주인이 친지를 초대하거나 다른 귀족을 초대해 담소를 나눌 경우 여성들만 사용하는 여성 전용 거실, 음악실, 살롱에서 시간을 보냈다.

남성과 여성의 공간은 철저히 분리되어 있었다. 오뗄의 공간 구조를 보면 조선 사대부의 사랑채와 안채, 행랑채, 별채의 공간이 함께 보인다. 차이라면 우리의 전통공간은 수평적이고, 오뗄은 수직으로 공간을 블록으로 쌓은 것 같은 모양새라는 점이다.

이곳은 역사박물관이기에 각 방마다 다양한 장식을 가지고 있다. 건물은 1548년에 지어졌지만 1880년 박물관으로 개조하기 시작해 현재도 끊임없이 수리하고 있다. 특히 화려한 천장과 벽 장식을 보면, 입이 절로 벌어진다. 클뤼니 중세박물관에서 본 노출 들보가 중세의 천장 마감이었다면, 이 전시관의 천장은 르네상스의 영향을 받아 만들어진 형태라고 할 수 있다. 이러한 천장 형태의 변화는 건축 작업에도 영향을 미쳤다. 16세기 말까지는 나무 조각으로 천장을 화려하게 장식하고 정교하게 짜맞추는 방식으로 구성했는데 그것을 다루는 기술자인 메뉴지에(menuiser)의 영역이었다면, 17세기 초반부터 벽화나 천장화를 그려 넣게 되면서 천장 마감은 화가의 영역이 되었다.

건물을 나와 갤러리에서 잘 가꾸어진 정원을 바라본다. 후원은 안마당보다 크다. 앞에서 오뗄은 시골의 성의 기능을 그대로 도시로 가져온 것이라고 했다. 당시 프랑스는 이탈리아 스타일을 고급문화로 받아들이고 수입했지만, 어디까지나 장식과 양식사조와 같은 건축어휘만이다. 평면 형태는 이탈리아의 것과 다르다. 그럴 수밖에 없는 것이 삶의 방식이 다르다. 주택에는 지역의 기후와 생활방식, 당시의 사회상, 커뮤니티가 반영된다.

프랑스는 이탈리아보다 위도가 높다. 오뗄과 비슷한 이탈리아의 팔라초는 강한 햇빛과 더위를 피하기 위한 것이지만, 햇볕이 귀한 프랑스 북쪽에서는 가능한 햇볕을 많이 받아들일 수 있어야 하고, 프라이버시를 중시했다. 후원은 사적인 공간이다. 오가는 하인이나 외부의 낯선 방문객에 노출되지 않도록, 본체 중앙부가 가림막 역할을 한다. 후원에 들어서면 외부에서 벌어지는 번잡하고 시끄러운 소리는 들리지 않는다. 박물관으로 사용하고 있는 현재는 여러 사람이 함께 사용할 수 있는 한적한

자연을 지배 대상으로 보고
인위적으로 모양을 다듬는 형식을 취한
오뗄의 정원

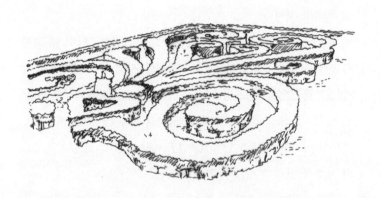

시립박물관이 된 오뗄

공원처럼 변했지만 당시에는 소유주와 손님만 즐길 수 있는 공간이었다. 그런 면에서 이 공간은 매우 사치스러운 공간이다. 당시에도 북적였던 파리에서 자신만의 안락한 정원을 위해 비용을 투자한 것이다.

잘 다듬어진 프랑스식 정원은 멋져 보이지만 무언지 내 정서와는 맞지 않는 것 같다. 우리의 정원은 자연에 자연스럽게 녹아드는 정원인 반면 프랑스식 정원은 자연을 지배대상으로 보고 인위적으로 과장되게 자르고 모양을 다듬는 형식이다. 계몽주의의 철학적 이념을 담은 것이다. 프랑스 땅에 있으니 프랑스의 사상을 반영하는 게 자연스러운 일 아닌가.

후원에 앉아 새소리, 바람소리, 사람들이 웅성거리는 소리를 들으며 과거와 현재를 겹쳐본다. 귀족들의 안락한 삶을 위해 분주히 움직였을 사람들, 방문객들, 살롱의 다양한 모임, 오뗄은 호텔은 아니지만 호텔의 유전자를 가지고 있는 건물이었다.

파리의
첫 번째 광장

광장 안에서의 삶은 어떨까? 작은 동네의 광장에 면한 작은 건물에서 잠시 살아본 경험을 돌이켜 보면, 광장에 면한 집에서 생활은 '도시가 나를 가만히 두지 않는다'였다. 어느 한순간도 지루하지 않았다. 광장에 면한 집에서 아침은 생각보다 빠르게 시작된다. 도시가 깨어날 때 함께 깨어나게 된다. 의도치 않게 일출 장면을 꽤 여러 번 본 것 같다. 해 뜨기 몇 시간 전부터 하늘은 푸른빛을 띤다. 굴뚝과 지붕이 서서히 윤곽을 드러내더니 순식간에 건물들이 얼굴을 드러낸다. 나는 일출의 감동보다 광장으로 스며드는 빵 냄새의 유혹을 참지 못하고 서둘러 몸을 일으켜 빵집으로 간다. 빵집 아주머니의 활기찬 목소리와 함께 하루를 시작한다. 빵집에서 빵을 사서 먹으면서 가는 사람, 가게 문을 여는 카페 사장님, 창을 여는 사람, 카페에 앉아 커피 한 잔을 마시며 지나는 사람을 구경하는 사람…. 매일 반복되는 일상이 있는가 하면 새로운 풍경도 보인다. 마을 광장에서는 주민들이 개최하는 행사가 자주 열린다. 어떤 날에는 지역 주민이 함께 참여하는 콘서트나 연극이 열리기도 하고 주말에는 주말시장이 열린다. 그렇게 광장 풍경을 바라보며 나도 그 풍경의 일부가 되어 갔다.

첫 번째 공공광장

15세기 파리는 좁은 골목이 서로 엉켜있고 집들은 다닥다닥 붙어 있었다. 게다가 집마다 길 쪽으로 발코니를 내었기에 안 그래도 좁은 골목이 더 좁고 어둡게 느껴졌다. 집 안이나 밖이 좁고 어두우니 사람들의 표정도 밝지 않았다. 시민을 위해 빛이 드는 공간을 만든다는 것은 생각하지 못하던 시절이었다. 바로 이때 시민들의 도심 산책 공간이자 시민행사를 개최할 수 있는 광장을 계획한 이가 있었다. 앙리 4세(Henri de Bourbon)!

앙리 4세는 도시경계 부분에 있는 왕실 소유의 땅에 직물과 실크 및 태피스트리 제조를 전문으로 하는 공장과 노동자용 주택을 계획한다. 지금으로 보면 시외곽쯤에 산업단지를 조성하는 계획이다. 하지만 이 계획은 투자자를 찾지 못해 구상에 그치고 말았다. 대신 파리 시민들의 도심 산책 장소이자 시민행사를 개최할 수 있는 광장을 계획한다. 보주광장(Place des Vosges). 왕실건축가인 앙드루에 뒤 세르소(Androuet du Cerceau. 퐁네프도 설계한 건축가이다)와 클로드 샤스티용(Claude Chastillon)의 도움을 받아서. 광장 주변의 땅은 대형 오텔을 가지지 못한 하급 귀족이나 상공업으로 부를 축적한 부르주아에게 분양하겠다고 했다. 집은 3층 규모로 짓되 건물의 입면을 통일해야 한다는 조건을 붙였다. 실제로 광장 주변의 땅을 분양 받은 사람은 왕의 재상이자 오른팔 쉴리, 당시 재무관 스칼롱, 당시 고문관이었고 이후 루이 13세와 14세 시기까지 재상을 지내게 되는 리슐리외 등이었다. 그런데 왜 고위 관리들이 규모도 제한하고 입면도 마음대로 꾸미지 못하는 이곳에 집을 지었을까? 더구나 저 땅은 지금은 도심에 속하지만 당시에는 시외곽에 있다.

동아시아에서는 '과거제'를 통해 관료를 선발했지만 유럽에서 관료가 되려면 권력자의 눈에 띄는 것이 중요했다. 출세하고자 하는 사람은 중심 도시로, 궁정으로 몰려들었다. 궁정은 모든 문화의 중심이었다. 이렇게 왕과 왕비의 거처 근처에 저택을 마련하는 것은 권력의 한가운데 있다는 의미이다. 그래서 왕의 최측근인 것처럼 보이기 위해 다른 사람보다 먼저 분양권을 산 것이다. 더구나 왕과 왕비의 파빌리온도 만든다니 왕과 가까이 있을 수 있고, 권력을 가진 주요 인사들과 같은 동네에 사는 것이니 그야말로 출세의 지름길이 될 것이라는 계산을 했을 것이다.

앙리 4세 역시 이들의 이런 마음을 눈치챘을 것이다. 보주광장을 둘러싼 주거는 개인 공간이니 일반인의 접근이 불가능하겠지만 1층에 아케이드를 만들어 대중에게 개방하면 누구나 자유롭게 광장에 드나들 수 있고 도시환경도 개선될 것이라는 생각을 했다. 1층 아케이드는 비가 오는 날에도 젖지 않고 산책을 할 수 있는 곳이다. 당시 도시 상황을 생각해 보면 이곳에 사는 거주자는 물론 파리시민 모두를 위한 배려였다. 건설 초기에는 앙리 4세의 생각대로 사용되었으나 이내 귀족들은 입구를 막아 외부인의 출입을 금지시켰다. 프랑스혁명으로 귀족들이 떠난 이후에도 광장에 있는 주택의 인기는 식지 않았다.

이 왕립광장을 설계한 건축가 클로드 샤스티용은 앙리 4세의 명으로 그의 사후에도 광장 주변의 집들이 지어지는 것을 감시했으며, 자신도 왕으로부터 받은 10번지 부지에 오뗄을 지었다. 앙리 4세는 건축가가 생을 다할 때까지 이 광장을 돌보고 관리하라는 의미로 부지를 내어준 것일까? 설계한 건축가가 이곳에 살고 있으니, 이 장소를 고칠 생각은 하지 말라는 경고였을까? 의중이 뭐였든 원칙은 지켜진 것 같다.

재미있는 것은 건축가의 오뗄 맞은 편 9번지에는 건축 아카데미(Académie d'Architecture)가 있다. 건축아카데미의 전신은 1840년 왕립건축학회이다. 14세기부터 있었던 왕실 건설청에서는 직무관리, 도면 작성, 계획 입안, 부지 검사, 공학 검사 등과 같은 현재 대규모 설계사무소의 건축가들이 작업방식을 형성하는데 커다란 기여를 한 것은 물론 건축 아카데미나 에콜 데보자르와 같은 정식 건축교육기관이 생기기 이전 건축교육기관 역할을 했다. 이 광장주택을 설계한 왕실건축가인 대 선배의 집과 그 뜻을 계승한 조직이 얼굴을 맞대고 있는 것이다.

보주광장

보주광장(Place des Vosges)의 정면을 보고 싶다면 비하그 거리

(Rue de Birague)에서 천천히 왕의 파빌리온으로 들어가길 바란다. 지금은 도로가 넓고, 이곳저곳에 광장과 정원이 많아 당시의 파리를 느끼기 어려울 수 있지만, 앞서 이야기한 좁고 어두컴컴한 골목을 상상하며 들어가보시길.

비하그 거리 쪽의 건물은 다른 건물보다 높다. 높은 건물 두 개가 왕과 왕비의 파빌리온이다. 왕과 왕비의 파빌리온 1층이 광장의 정문 역할을 한다. 개방된 아치형 문 위에 올라가 있는 파빌리온이 마치 다리 위에 올라가 있는 건물처럼 보인다. 왕의 파빌리온 중앙 창에서 앙리 4세의 모노그램(이니셜)과 초상화를 볼 수 있다. 왕과 왕비의 파빌리온은 광장을 중심으로 서로 마주하고 있으면서 양쪽 출입문 역할을 한다. 광장의 양 끝에 있으니 꽤 멀리 떨어져 있는데 이런 배치를 보니 당시 귀족사회의 결혼문화를 떠올리게 된다. 당시 왕족과 귀족들의 부부 사이의 거리도 이 두 파빌리온의 거리만큼이나 멀었다고 한다. 가문을 위한 정략 결혼을 한 부부는 대를 이을 아이가 생기면, 각자 사랑하는 사람을 만나는 등 개인 생활에 충실했다.

광장에 서서 건물을 바라보면, 통일성 있는 파사드 모습이 매우 강렬한 인상을 준다. 이전 시기에 지어진 르네상스 양식보다는 단순하고, 이후 지어지는 바로크 양식의 건물보다는 매우 간결하다. 건물은 붉은 벽돌을 기본 재료로 모퉁이는 석재로 마감했다. 창 주변에는 띠장식을 하고 푸른색 슬레이트로 지붕을 덮었다. 다락방의 창은 변형되었을 것으로 보이지만 어쨌든 정사각형, 직사각형, 동그라미 등 다양한 모양으로 대칭을 이룬다. 키 큰 굴뚝이 지붕 위로 솟으며 하늘과 맞닿아 있다. 따뜻함이 감도는 짙은 적갈색과 둥근 모양의 창문들…. 여러 요소가 시각적으로 연결되며 연속적으로 배치되어 있다. 건물은 의도적으로 색을 대비시켰는데, 건물 양끝의 흰색과 입면의 붉은색이 주는 강렬함은 지붕에 차분하고 중립적으로 느껴지는 은은한 파란색을 사용해 완화시켜준다. 파란색, 흰색, 붉은색! 무엇이 떠오르지 않으신지. 맞다. 프랑스의 국기이다. 현대 도시에서도 도시 이미지의 통일성을 위해 가이드라인처럼 특정 색을 권고하거나 지정하는 경우가 있는데, 앙리 4세 역시 같은 생각을 했던 것 같다.

1층 아케이드를 따라 걸어보자. 앙리 4세가 역점을 둔 '도심 산책' 공간이다. 기존에는 상가가 도로에 직접 면해 있었다면, 이곳은 상가를 뒤로 밀어 넣고 사람이 다닐 수 있는 길을 만들었다. 기본 건축재료인 벽돌과 돌을 멋들어지게 사용했다. 아치와 볼트 구조의 천장은 붉은 벽돌 위에 돌을 X자 모양으로 덧붙여 장식했다. 아케이드의 아래 깊고 짙은 그림자는 광장의 밝은 공간과 대조를 이룬다. 현재는 도로가 있지만, 도로가 없다면 그 대비가 더욱 강렬했을 것이다. 1층 아케이드는 저녁 무렵 석양이 질 때 가장 아름답다. 서향 빛이 아케이드로 길게 드리워질 때 복도는 따뜻한 노란 빛으로 넘실거린다.

아케이드는 실내는 아니지만 실내의 복도처럼 지붕이 있고

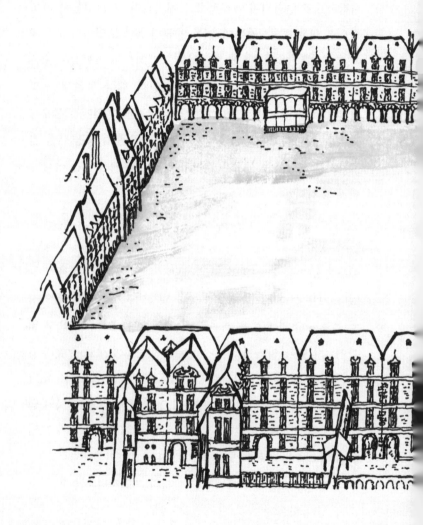

처음 만들어졌을 당시의 보주광장 조감 스케치.
양 옆에 조금 높게 있는 건물이 각각 왕과 왕비의 파빌리온이다.

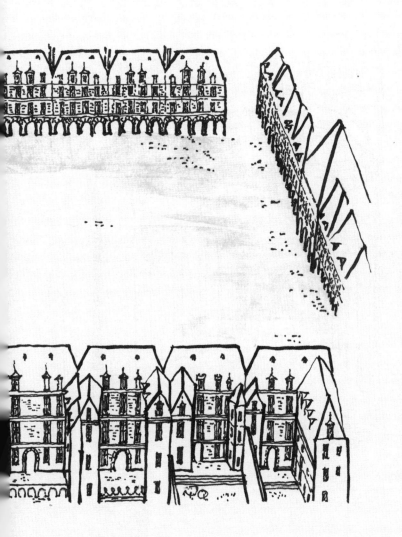

바닥을 포장해 접근성도 높이고 비 오는 날에도 비 맞지 않고 여유있게 걸어다닐 수 있게 만든 공간이다. 우리나라에서는 이게 변형되어 고층빌딩 지하를 아케이드라고 부르는데 우리나라에도 지상 아케이드가 있었다. 반도조선 아케이드와 파고다 아케이드. 반도조선 아케이드는 조선호텔과 현 롯데호텔의 전신인 반도호텔 사이에 있었고 파고다 아케이드는 파고다공원을 빙둘러 있었다. 1980년대에 모두 헐렸다.

광장의 건물 전체가 한 덩어리로 보이는 두 가지 이유가 있다. 동일한 주택의 파사드와 아케이드의 열주로 둘러싸여 있기 때문이다. 이 둘의 조화로 개개의 건물이 한 덩어리처럼 보인다. 광장을 둘러싸고 있는 동일한 파사드는 단순하지만 우아한 느낌이다. 흡사 광장을 바라보고 있는 극장의 객석 같은 느낌이다. 이 장소와 어울리는 음악이 머릿속을 스쳐지나간다. 모차르트의 세레나데 10번, "그랑 파르티타". 음악의 요소를 시각화한다면 이런 느낌 아닐까 하는 생각이 들었다. 재료와 색, 구성과 조합이 오보에, 클라리넷, 호른, 바순, 콘트라베이스가 만들어내는 화음이 무거움보다는 가볍고 경쾌함으로 다가오는 곡 가운데 하나이다. "그랑 파르티타"를 들으며 천천히 광장을 거닐어보는 걸 추천한다. 현재 광장은 나무가 무성한데, 텅 빈 광장의 강렬함을 상상해보자.

아들을 위해 만든 도핀광장

보주광장이 만들어질 무렵 앙리 4세는 또 다른 계획에 착수한다. 퐁네프 중간에서 시테섬을 바라보면 기마상 하나가 보인다. 그가 앙리 4세이다. 앙리 4세의 기마상이 바라보는 방향으로 눈을 돌리면 보주광장에 있는 집과 비슷한 입면을 가진 집이 두 채 보인다. 생각보다 많은 사람은 이곳을 스쳐 지나가지만, 그 건물 사이로 들어가지는 않는다. 그렇기에 이곳은 비밀광장과 같은 곳이다. 앙리 4세의 '찐' 아들 사랑을 엿볼 수 있다.

앙리 4세가 첫 번째 부인과 이혼하고 두 번째 부인과 결혼 후 퐁네프 공사가 한창일 때 자신의 후계자가 될 아이가 태어났다. 이미 앙리 4세의 나이가 꽤 들었을 때이다. 그는 황태자에게 물려줄 근대적인 파리의 모습을 생각하며 왕립 보주광장을 계획했을 것이다. 퐁네프 완공 후 앙리 4세는 그곳을 찬찬히 둘러봤을 것이다. 그리고 그는 건설한지 얼마 안 되는 퐁네프 맞은편에 또 다른 왕립광장을 만들기 시작했다. 이른바 도핀광장(Place Dauphine).

앙리 4세는 도핀광장을 보주광장처럼 붉은 벽돌, 흰 석회암과 푸른 슬레이트 지붕으로 된 건물로 둘러싸는 방식의 동일한 스타일로 만들었다. 시테섬 끄트머리 형태를 따라 건물을 구상하다 보니 자연스럽게 집들은 삼각형 광장을 둘러싼 모양새가 되었다. 아파트 평면을 보면 광장과 센강을 동시에 바라볼 수 있

퐁네프
다리 위에 집이 없는 첫 번째 다리이다.

도핀광장
문화를 중심에 둔 두 번째 왕립광장

보주광장
정치를 중심에 둔
첫 번째 왕립광장

현재의 보주광장은 정원이 주축을 이룬다.
방문객에게는 쉼터를, 거주자들에게는
사철 다른 풍경을 선물처럼 안겨준다.

파리의 첫 번째 광장

는 구조이다. 게다가 각 집은 아치 안쪽으로 작은 후원을 가지는 형태로 되어 있다. 도핀광장의 집은 광장에 면하기도 하고 중정을 공유하기도 하며 센강을 볼 수 있도록 평면이 구성되어 있다. 공공공간으로서 광장은 물론 커뮤니티와 동시에 도시경관까지 고려했다는 점에서 상당히 진보적인 구성이다. 1층에는 상점과 작업장이, 2층과 메자닌층에 호화로운 타운하우스가 있다.

보주광장이 정치 일번지라면, 이곳은 문학과 예술, 이성과 학문의 일번지인 것이다. 좌안은 대학가로 지식인들은 기존의 어두침침한 다리보다는 새로 지은 밝고 환한 퐁네프를 주로 이용했다. 상인과 금속 세공인, 예술가와 장인, 변호사와 문학가들이 이곳에서 살며, 자신과 비슷한 성향의 사람들과 교류했다. 아버지 세대의 정치인들이 거주하는 왕립광장과 달리, 새로운 학문과 문화를 경험하면서 자라길 바라는 아버지의 마음을 담아 조성한 타운하우스인 것이다. 앙리 4세는 자신의 후계자에게 작은 유럽 세계의 삶을 보여주고 싶었던 것이다.

보주광장과 달리 이곳은 프랑스 혁명을 거치면서 많이 변했다. 대부분의 건물이 파괴되었으며, 동쪽은 19세기에 현재의 대법원(Palais de Justice)을 짓기 위해 철거되었다. 정면에 있는 기마병 같은 두 건물만 원래 모습을 유지하고 있다.

시간에 따라 조금씩 변한 다양한 파사드에 시선을 빼앗길 수 있지만 우리는 삼각형 광장에 집중하자. 이 광장은 사각형의 다른 여타 광장과 달리 방향성이 명확하고 꼭짓점을 중심으로 세

정면 두 건물만 지어질 당시 입면을 유지하고 있다.

파리의 첫 번째 광장

면이 팽팽한 긴장감을 준다. 마치 '세계의 중심은 이곳이다!' 선언하는 것처럼 보인다. 그런데 광장 안에 있으면 상당히 아늑하다. 소박하지만 동화 같은 매력이 있는 정원 덕분인 것 같다. 주변 레스토랑의 야외식탁은 경쾌함을 더해준다. 나는 이곳의 초겨울 풍경을 좋아한다. 물론 봄의 꽃들도 여름의 그늘도, 다양한 색을 뽐내는 가을도 좋지만, 초겨울 잎사귀가 떨어져 나무의 선이 선명히 드러날 때, 나무도 꽃도 없이 온전히 광장만 남아 있는 모습이 좋다. 에릭 사티의 "짐노페디"가 들리는 듯하다.

광장은 건물의 파사드를 배경으로 텅 비어 있을 때 제대로 광장 느낌이 난다. 비어 있기에 소리에 더 집중할 수 있고, 바람을 온전히 느낄 수 있고, 다른 정원에 핀 꽃 향기가 스며드는 것을 더 잘 느낄 수 있다.

혁신의 상징
퐁네프

퐁네프 다리와 일요일의 닭고기

프랑스어를 공부한 이후부터 '퐁네프 다리'라는 말을 들으면 바로 '역전 앞'이 떠올라 피식 웃음이 나온다. '역전'의 '전(前)'이 '앞'이라는 뜻이니 '앞'이라는 말을 한 번 더 붙이면 같은 의미를 가진 말을 한번 더 붙이는 것이니 하지 말라는 이야기를 몇 번이나 들었음에도 이미 입에 붙은 말은 쉽게 바뀌지 않았다. 퐁네프(Pont Neuf)는 다리라는 '퐁'과 새로운 이라는 '네프'가 결합한 '새로운 다리'라는 의미이다. 그래서 인쇄물이나 매체에서 혹은 사람들이 말할 때 '퐁네프 다리'라고 하면 '새로운 다리 다리'라고 혼자 메아리처럼 읊조려보곤 했다.

다리를 두 번이나 반복하니 딱히 연관이 없는데도 닭다리가 생각난다. 그리고 자연스레 맥주가 떠오른다. 치맥! 치킨과 맥주는 절대 거절할 수 없는 조합아닌가. 하지만 프랑스에 있을 때 내게 닭은 일요일이었다. 주말에 장이 열리면 신선한 야채와 과일, 치즈를 주로 구입하지만, 동시에 꼭 사야 하는 것이 오븐에 구운 통닭이었다. 장터에서 사지 못하는 날이면, 집 앞 가게에서 긴 기다림 끝에 오븐에 구운 닭과 닭기름으로 잘 구운 감자를 사왔다. 프랑스 사람들은 일요일에 닭 요리를 먹는다. 오래 전부터 내려온 전통이라고 한다. 이유는 제각각이다. 일요일에 사람을 만나면, 이야기를 해야 하는데 오븐에 닭과 야채만 넣어두면 되니 간편하기 때문이라고도 하고, 우리 증조할머니

때부터 그랬으니 그냥 따른다는 친구도 있었다. 내가 프랑스에서 일요일에 닭을 먹은 이유는 가장 맛있는 통닭을 살 수 있는 요일이었기 때문이다. 일요일에 파는 통닭은 반짝거리는 캐러멜 색을 띠고, 감자구이는 때때로 닭보다 더 감칠맛이 났다. 일요일을 온전히 '치맥데이'로 보내려면, 제대로 장인정신을 발휘하여 겉껍질이 바삭하면서 쫀득하게 구운 통닭은 필수였다.

프랑스인들이 일요일에 닭 요리를 먹는 전통은 친구의 말처럼 증조할머니를 지나 수백 년을 거슬러올라가 퐁네프를 만든 앙리 4세 때부터 시작되었다. '일요일은 닭고기 데이'를 이야기한 장본인이 앙리 4세이다.

다리 위의 집들

퐁네프는 '파리 최초의 석조 다리'라는 수식어가 따라 다닌다. 조금 더 정확히 말하면 '다리 위에 집이 없는 최초의 석조 다리'이다. 퐁네프가 만들어지기 전 이미 시테섬에는 퐁 노트르담(Pont Notre-Dame)과 쁘띠 퐁(Petit Pont)과 같은 로마시대에 만든 석조 다리가 있었다. 하지만 이들 위에는 집이 들어차 있었다. 이탈리아 피렌체의 베키오다리처럼 강 한가운데 떠 있는 다리에 있는 집에서 종일 강과 다리 풍경을 보고 멋진 일몰을 감상할 수 있다니, 얼마나 멋진 일인가. 하지만 시테섬의 다리는

중세시대 4층 규모의 집과 가게가
덕지덕지 붙어 있는 시테섬의 다리들

18세기에도 여전히 다리 위에 집과 상가가 있었다.

상황이 달랐다. 다리가 무너질 것처럼 아슬아슬하게 많은 4층 짜리 집과 가게가 그야말로 덕지덕지 붙어 있었다. 게다가 상점에서 설치한 임시 가판대와 각종 간판과 장식물은 혼란을 더했고, 공중 화장실은 아무렇게나 너저분하게 붙어 있고 오물은 당연히 강으로 바로 내버렸다. 그마저도 다리 위에 지은 집은 일부이고, 대부분의 집이 강에 말뚝을 박고 있었다. 믿을 순 없지만 당시 사람들은 이렇게 마구잡이로 지은 집들이 다리를 더욱 튼튼하게 만들어준다고 믿었다고 한다. 이렇게 높고 돌출된 집들 때문에, 길은 어둡고 음산하며 빛이 들어오지 않았다. 이런 다리를 수레와 마차 보행자가 힘겹게 지나다녀야 했다. 다리 위 상점에서는 주로 향수, 가발, 그림, 보석, 가구, 신발, 옷 등 사치품을 판매했다. 다리 위 집들은 18세기 말까지도 완전히 철거되지 않았다.

홍수나 자연재해에 취약한 다리 위에 왜 집을 지었을까? 다리는 요즘 말로 하면 '핫 플레이스'였다. 도시를 연결하는 핵심 시설로 유동 인구가 많은 곳이었다. 상인이라면 이런 목 좋은 터를 놓칠 리가 없었다. 도시의 필수기반시설이었던 다리를 건설해야 하는 왕과 귀족, 정치가들은 재원을 마련하기 위해 상가와 주택을 지을 수 있도록 하고, 그들에게서 필요한 공사자금을 충당했다.

퐁네프 초석을 놓을 당시 이미 파리는 사람으로 넘쳐났다. 좁은 도로는 제구실을 하지 못하게 되었고, 도로는 정체되기

일쑤였다. 앙리 4세는 종교의 자유를 허하는 낭트칙령을 선포하고 그 다음해 바로 퐁네프 시공에 착수한다. 하지만 신교와 구교 사이에 전쟁이 발생해 공사는 20년간 중단되었다. 이 전쟁은 36년간 지속되었다. 전쟁으로 피폐해진 파리는 퐁네프 건설을 도화선으로 재건되기 시작했다.

퐁네프도 처음에는 기존의 다리들처럼 다리 위에 집을 지을 계획이었다. 그러나 앙리 4세는 계획안을 변경, 집이 없는 다리를 만들도록 한다. 관료들은 건설예산을 걱정했지만, 앙리 4세의 머릿속에는 이제까지 없던 새롭고 넓은, 짐 실은 마차도 시원하게 이동하는 교통 체증이 없는 시원한 '고속도로형 다리'가 파리에 혁신을 가져올 것이라고 생각했다.

다리에 대한 기존의 관념과 전통을 뒤집는 계획안이었다. 집이 없는 최초의 튼튼한 석조 다리는 이렇게 탄생했다.

다리 산책

이제 퐁네프를 걸어보자. 이 다리는 당시에는 가장 최신의 기술로 건설했지만 지금은 파리에서 가장 오래된 다리가 되었다. 지어진 지 400년이 넘었지만 지금도 사람들이 걸어 다니고 심지어 버스도 지나간다.

인도와 차도가 구분된 물류혁신 도로는 도시에 활기를 불러

12개의 아치, 길이가 275m인 퐁네프는
집이 없는 최초의 튼튼한 석조 다리이다.

르누아르(Pierre Auguste Renoir)의 "퐁네프(Pont-Neuf, 1872)"에서
사람을 지우고 배경만 그려보았다. 넓은 인도, 햇빛 가득한 광장과
같은 다리의 모습이 두드러져 보인다.

왔다. 당시에 사람들에게 지금처럼 강을 바라보고 다리를 건넌 다는 것은 상상할 수도 없는 일이었다. 집으로 들어찬 다리를 건너던 당시 파리 시민들에게 퐁네프의 넓은 보도는 경탄을 자아내기에 충분했다.

더구나 인도와 차도가 구분되어 있다니. 마차를 아슬아슬 피해다니지 않아도 되고 차도보다 높게 설치한 인도를 걸으니 진흙과 씨름하지 않아도 됐다. 그야말로 새로운 다리였다. 다리가 완공되고 퐁네프는 엄청난 교통량을 소화해낸다. 8만 명의 사람과 2만 5천 대의 마차가 다리를 건넜다는 기록이 있다.

퐁네프는 12개의 아치로 구성되고, 길이가 275m이다. 무거운 돌다리인 만큼 건설 당시 그 기초를 더 깊이 놓아야 했다. 강바닥을 파고 기초를 놓았다. 목재로 작업대를 세워 놓고, 돌을 잘라 한 번에 하나씩 쌓아나갔다. 쐐기 모양의 돌을 쌓아서 하나의 아치를 만들었다. 이렇게 아치를 하나하나 만들었다. 퐁네프에 사용한 재료인 석회석은 파리 밖 채석장에서 나온 것이 아니라 파리 밑에 있는 기반암에서 가져왔다. 파리 지하의 채석장은 약 12세기 무렵부터 15세기까지 사용했다. 채석장의 암석층은 4,600만 년된 것으로, 파리가 해저에 있을 때의 것이어서 암석의 수명도 길고 물에도 잘 견딘다고 한다. 하지만 돌을 캐내는 건 건설하는 것과는 다른 일이다. 채석 작업은 고난이도 작업이다. 먼저 다리 건설자들이 필요한 돌 모양을 주문한다. 그럼 지하 채석장에서는 무게가 1톤 정도 되게 돌을 잘라낸다. 중장비가 발명되기 전이니 거대한 암석을 파내는 일 자체만 해도 엄청난 힘과 인내가 필요했다. 돌은 암석 단층선을 따라 3~4.5m 정도 깊이로 파들어가 잘라냈다. 인부들은 종종 누워서 작업해야 했다. 어쨌든 네 모서리를 파내면, 각석이 그 무게를 못 이기고 떨어진다. 만일 잘 떨어지지 않으면 틈새에 강철 쐐기를 박아 떼어냈다. 각석을 떼어내면, 롤러로 갱도 아래까지 밀어낸다. 그럼 위에 있는 사람이 도르래와 같은 도구로 그 돌을 끌어올린다. 이런 방식으로 돌을 채굴해 지상에서 맞춤하게 돌을 잘라 사용했다. 지하 채석장에서 일하다 다친 인부들을 위해 앙리 4세는 병원도 설립했다고 한다.

다리 아래쪽을 보면 기괴한 얼굴 모양 조각이 보인다. 모두 384개이다. 머리에 뿔과 장식이 있는 것을 보면 사티로스(satyrs)와 실뱅(sylvains)뿐만 아니라 고대 신화에 나오는 숲과 들판의 신의 얼굴을 묘사한 것이다. 부리부리하게 생긴 얼굴은 악령이 집으로 들어오지 못하도록 막아줄 것이라고 당시 사람들은 믿었다. 이것을 마스카론(mascaron)이라고 한다. 마스카론은 프랑수아 1세, 이탈리아와 전쟁할 때 프랑스에 유입되어 파리, 베르사유, 보르도, 낭시 등 프랑스 전역에서 유행했다. 마스카론은 지금도 도시 곳곳에서 볼 수 있다. 어느 집 대문, 분수, 열쇠 등. 동서양 상관 없이 사람이라면 누구나 어려운 일이 생길 때 무언가에 의지하고 싶은 마음을 가지는 게 자연스러운 것 같다.

퐁네프의 마스카론 조각을 보고 있으면, 채석장에서 돌을 다리에는 기괴한 얼굴 모양을 한 384개의 조각이 있다.

캐고 조각을 하던 석공장들이 자부심을 담아 자신을 닮게 조각하지 않았을까 하는 생각도 해보게 된다.

최초의 도시계획가

책에서 퐁네프 그림을 봤을 때, 다리 한쪽의 작은 건물이 눈에 들어왔다. 딱히 설명은 없었다. 나는 막연히 다리 통행세 같은 세금을 걷는 곳일 것이라고 생각했다. 그런데, 웬걸 세금 징수하는 곳이 아니었다. 도시에 물을 공급하기 위한 펌프장이었다. 앙리 4세의 요청을 받은 수력 엔지니어가 아이디어를 낸 루브르 지구에 하루 최대 700,000리터의 물을 공급하기 위해 만든 최초의 양수 기계설비이다.

이런 생각을 할 수 있는 앙리 4세가 참 대단해 보인다. 앞에서 이야기한 파리의 첫 번째 공공광장인 로얄광장(보주광장), 도핀광장, 퐁네프 모두 앙리 4세가 통치하던 시절에 만들어졌다. 그는 그 다음으로 마레 북쪽에 야심차게 프랑스 광장이라는 방사형 광장을 계획했다. 반원형의 방사형 광장에는 각 지역의 이름을 가진 8개의 새로운 거리를 만들어, 하나의 프랑스를 상징하고자 했다고 한다. 지금의 파리 개선문의 절반 형태와 비슷한 모양이다. 하지만 이 계획은 앙리 4세가 암살되면서 계획안에 그치고 만다.

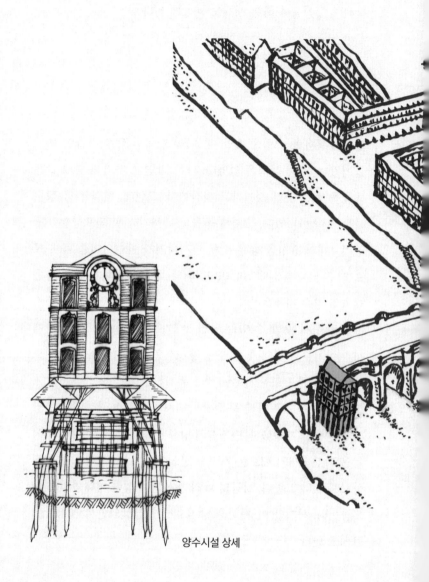

양수시설 상세

폼네프 한쪽에는 최초의 양수기계설비를 구비한 양수장이 있었다.

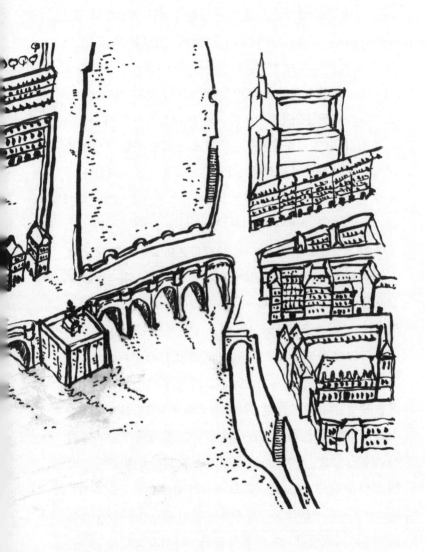

혁신의 상징 퐁네프

당시 사람들은 앙리 4세를 어떻게 생각했을까? 살펴본 도핀 광장 아래 센강 옆에는 작고 예쁜 정원이 있다. 베르갈랑 광장(Square du Vert-Galant). 우리말로 풀이하면 '팔팔한 오입쟁이'라는 뜻이다. 바로 앙리 4세의 별명이다. 앙리 4세의 일생을 통틀어 그를 거쳐간 여성이 무려 50명에 달했다고 한다. 재미있는 것은 프랑스 국민들은 앙리 4세의 이런 점 때문에 그를 더 좋아했다고 한다. 당대 군주들치고 정부(情婦)가 없는 사람이 없었고, 오히려 없는 사람이 비정상이라고 손가락질 받던 시대였다. 정부를 한 명도 두지 않고 마리 앙트아네트에게만 충실했던 루이 16세는 '성 불구 루머'에 시달려야 했다. 매우 스마트한 사람이었으나 한 여인만을 두었다는 이유로 오히려 바보 취급을 받았다.

앙리 4세는 프랑스 서남부에 있는 작은 나바르 왕국에서 구교도인 아버지와 신교도인 어머니 아래에서 자랐다. 나바르 왕국은 신교도의 중심지로 그는 신교도의 수장으로 자란다. 신교와 구교의 화합을 추구한다는 명분으로 당시 왕이었던 앙리 2세의 부인 카트린 드메디치는 신교의 수장인 앙리 4세와 결혼을 추진한다. 하지만 결혼식은 처음부터 삐그덕거렸다. 결혼식을 축하하러 온 신교도들이 대량 학살 당하고 앙리 4세 마저 개종을 강요당하며 감금되었다. 4년 뒤 혼란한 틈을 타 도망친 앙리 4세는 나바르 왕국으로 돌아가 나바르 왕국을 통치한다. 그러다 대가 끊긴 프랑스 왕조는 왕위 계승자를 찾아 혈통을 거슬러 올라가니 나바르 왕인 그가 계승자가 되었다. 하지만 구교도들은 신교도인 그를 받아들이지 않고 대치했다. 고뇌 끝에 구교로 개종을 결심하고 앙리 4세는 파리에 입성한다. 신교도를 달래기 위해 종교의 자유를 허용하는 낭트칙령을 발표하며 왕 위에 오른 지 4년 만에 대통합을 이루어낸다.

우여곡절을 거쳐 앙리4세가 왕으로 파리에 입성했을 때, 파리는 말 그대로 황폐함 그 자체였다. 온갖 오물과 살육으로 버려진 도시나 마찬가지였다. 그는 병원, 다리, 광장, 거리를 정비하고 센강의 물을 퍼 도시에 공급하는 양수시설을 만들고, 최초의 공공광장을 파노라마 조망이 가능한 퐁네프로 파리에 '열린 공간, 탁 트인 시야'를 제공했다. 1세기에 걸친 종교 갈등 끝에 그는 평화와 번영을 가져왔고 오늘날까지 파리의 미래에 영향을 미칠 건축 혁신을 이끌었다. 이러한 사업은 당연히 많은 돈이 들어간다. 근 40년의 내전을 수습하며, 도시계획, 인프라 설치, 궁전 건설 등 대규모 공사를 위해 귀족의 세금을 인상하고 신교파가 대부분이었던 상공업자들의 자유와 안전을 보장해주면서 상업과 공업의 부흥을 도모했다. 그는 전쟁으로 피해를 입은 프랑스 백성들이 종교에 얽매이지 않고, 풍족하게 살기를 바라며 일요일마다 닭고기를 먹을 수 있는 풍요로운 프랑스를 추구했다. 여기에서 '일요일은 닭고기 데이'가 나왔다.

앙리 4세는 업적에 비해 단명했다. 23번의 암살 시도가 있었다. 자신과 생사고락을 같이하며 자신의 짐을 상당히 나눠 짊어진 오른팔과 같은 쉴리 재상의 문병을 가는 길에 당한 24번째

앙리 4세, 프랑스의 국왕이자 나바르의 왕
문양 아래 글자는 '14일 5월 1610년'을 의미한다.

암살 시도를 막지 못했다. 루브르 궁에서 나와 시장의 좁은 길에서 교통체증으로 마차가 옴짝달싹 못하고 있을 때 광신적인 구교도의 칼에 스러졌다.

앙리 4세가 암살된 거리는 파리 중심가에서 가장 복잡한 샤틀레 근처에 있다. 당시에도 상가가 밀집한 구역이었다. 근처 이노상 광장을 지나 페로느히 거리(Rue de la Ferronnerie)로 가면 앙리 4세의 죽음을 추모하는 구조물이 있다. 도시의 재건을 사랑한 왕을 기억하라고 하듯이, 도로 바닥에 검은 바닥돌로 그의 죽음을 기리고 있다. 검은 돌에는 두 개의 문장이 있다. 하나는 프랑스 왕실을 상징하는 백합문양이고 또 다른 하나는 나바르 왕국의 문양이다. 두 나라의 왕을 겸직한 왕, 두 가지의 정체성을 가지고 화합을 추구한 왕의 죽음을 검은 돌로 추모하고 있다.

건축을 공부하면서 제 생각을 표현하기 위한 수단으로 그림을 그리곤 했습니다. 전문 작가가 아니기에 비례가 맞지 않아 보이는 것도 있습니다. 그럼에도 저는 그림 그리는 것을 좋아합니다. 그림으로 표현하기 위해서는 더 자세히 들여다봐야 하고 재해석하기 위해 더 많은 자료를 찾아봐야 합니다. 사진이 아닌 그림만으로 책을 구성한 이유입니다.

프랑스, 파리를 소개한 책은 꽤 있습니다. 파리가 중세 유럽 문화를 제대로 이해하기 위한 전초기지 같은 곳으로 많은 사람이 선호하는 여행지이기 때문이겠지요. 그런데 기원전부터 약 1500년경까지의 파리 이야기를 하는 책은 거의 없습니다. 사료가 부족한 편이고, 여러 다른 시기와 비교해 볼 때 그리 재미있는 사건이 존재하지도 않습니다. 운좋게도 저는 파리에서 그 시기의 파리를 들여다보는 공부를 할 수 있었습니다. 파리에서 공부하고 생활하면서 제가 보고 배운 것을 독자 여러분과 공유하고 싶었습니다.

우리는 긴 역사의 한순간을 살고 있습니다. 수백, 수천 년 전 선조들이 만든 도시는 잠시 우리 손을 거친 후 수백, 수천 년 뒤 후세에게 전하고, 그들은 그들 시대에 맞는 도시를 만들고 가꾸어나갈 것입니다. 이렇게 역사의 켜가 쌓여 마천루를 이룹니다.

적층된 시간 속에는 모든 시대가 들어 있습니다. 그리고 우리는 현재의 시간을 쌓아가고 있습니다. 도시를 조금은 '다른 시선'으로 바라보고, 현재에 덮여 보이지 않는 부분들을 이야기하고 싶었습니다.

마르셀 프루스트의 문장과 함께 글을 맺으려고 합니다. "진정한 여행이란 새로운 풍경을 찾는 것이 아니라 새로운 눈을 지니는 것이다." 라는 말이 있습니다. 사실 프랑스어 원문은 이렇게 짧지 않습니다. 다른 언어로 옮겨지는 과정에 의역되고 축약되어 알려졌습니다. 《잃어버린 시간을 찾아서 5: 갇힌 여인》에 나오는 원문은 이렇습니다.

> Le seul véritable voyage, le seul bain de Jouvence, ce ne serait par d'aller vers de nouveaux paysages, mais d'avoir d'autre yeaux, de voir l'univers avec les yeux d'un autre, de cent autres, de voir les cent univers que chacun d'eux voit, que chacun d'eux est; et cela, nous le pouvons avec un Elstir, avec un Vinteuil; avec leurs pareils, nous volons vraiment d'étoiles en étoiles'.
>
> _La Prisonnière

2023년 10월
권헌징